MICHAEL ULLMANN

EINRÄUMIG IMKERN AUF ZANDER

IM ANGEPASSTEN BRUTRAUM

KOSMOS

INHALT

Imkern rockt!

46 Betriebsweisen

104 Bienenkrankheiten

116 Service

Zu diesem Buch

In diesem Buch zeige ich, wie man erfolgreich eine Hobbyimkerei betreiben kann. Der Schwerpunkt liegt zwar auf dem Einraumimkern, viele der beschriebenen Arbeitsschritte können jedoch auch auf jede andere Betriebsweise angewandt werden.

Vor einigen Jahren habe ich zum ersten Mal bei einem Imkerkurs im Imkerverein als Betreuer geholfen. Von den Imkerschülern kam immer wieder der Kommentar: „Wie soll ich mir, was hier gezeigt wird, alles merken?" Aus einer Laune heraus gab ich zur Antwort: „Am besten mach ich euch einen Film, den könnt ihr dann so oft anschauen, wie ihr wollt."
Gesagt, getan. Nur habe ich schnell gemerkt: Ein Film allein wird nicht reichen, es gibt so viele Themenbereiche in der Imkerei, da braucht es ebenso viele Videos. Um allen den Zugang zu den Videos zu ermöglichen, habe ich einen Kanal bei YouTube erstellt, der mittlerweile über 75 Videos enthält, in denen die unterschiedlichen Bereiche der Imkerei in kleinen, verständlichen Kapiteln aufgearbeitet sind. Da es gar nicht so leicht ist, den Überblick zu behalten, soll dieser Imkereiratgeber dem Anfänger und auch dem „alten Hasen" als Leitfaden dienen. Über den QR-Code in der Buchklappe gelangt man direkt zu meinem YouTube-Kanal „Imkerei Michael Ullmann" und von dort kann man die passenden Filme streamen. Wie auch in den Videos erläutere ich meine Betriebsweise, die zum Teil auf alten Traditionen basiert, aber auch neueste Erkenntnisse, gerade im Bereich der Varroabekämpfung, sowie modernste Völkerführung beinhaltet. Hier ist vor allem das einräumige Imkern auf Zandermaß im angepassten Brutraum zu nennen. Traditionell werden Bienenvölker auf diesem Maß – es geht dabei immer um die Maße der Holzrähmchen, in denen die Bienen ihren Wabenbau errichten – in zwei Brutraumzargen geführt. Mit dieser Tradition habe ich vor einigen Jahren gebrochen, da mir der Aufwand in Material und Zeit zu groß war. Dazu werde ich in den folgenden Kapiteln ausführlich Stellung nehmen.

DIE QUAL DER WAHL

Wer heute mit der Imkerei beginnen möchte, hat die Wahl zwischen etlichen Betriebsweisen, Nisthilfen (Beuten) und Philosophien (Bio, Demeter,

1

2

3

konventionell und vieles mehr), wie die Honigbienen zu halten sind. Diese Entscheidung will reiflich überlegt sein, denn einmal mit einem Rähmchenmaß begonnen, ist es später nicht möglich, ohne zusätzlichen finanziellen Aufwand auf ein anderes System zu wechseln. Hier hilft ein Blick in die Nachbarschaft. Eine praktische Überlegung ist, auf demselben Maß zu imkern wie der Großteil der Imker in der Umgebung. Das erleichtert den Austausch und Kauf von Bienenvölkern. Grundsätzlich ist es möglich, von einem auf das andere Maß umzusiedeln, jedoch für einen Neuling nicht ratsam.

MEIN START

Mein Start in die Imkerei war mit Deutsch Normal (DN), da ich jedoch im ersten Jahr einen Totalverlust hinnehmen musste, habe ich im folgenden Jahr auf das Zandermaß umgestellt, auf dem auch der Großteil meiner Imkernachbarn und Vereinskollegen imkert. Zu Beginn habe ich alle Fehler

1. Praxiseinweisung für den Imkerkurs am Bienenstand. Schutzkleidung ist für die Schüler Pflicht.

2. Dreharbeiten für den YouTube-Kanal.

3. Nur sanftmütige Völker lassen sich schutzlos bearbeiten und filmen.

gemacht, die ein Anfänger machen kann. Ich hatte zwar bereits einige Bücher verschlungen, doch meine praktische Erfahrung war gleich null. Jahrelang bin ich um die Imkerei herumgeschlichen, den richtigen Einstieg konnte ich jedoch lange nicht finden. Bei einem Spaziergang im Wald bin ich schließlich auf einen halb verfallenen Bienenstand gestoßen und habe spontan eine Nachricht hinterlassen, mit dem Angebot, den Stand auf Vordermann zu bringen gegen Austausch von praktischen Erfahrungen. Die Antwort sollte ein halbes Jahr auf sich warten lassen, bis ich eines Tages einen Anruf bekam, ob ich immer noch Interesse an den Bienen habe. Am nächsten Tag hatte ich zwei Bienenvölker im Kofferraum meines Kombis – das war echt unheimlich, zwei lebende Völker im Auto, bis dahin war ich schon panisch, wenn sich nur eine einzelne Biene ins Wageninnere verirrt hatte – und war auf dem Weg zu einem Bienenhaus, das ich zu meiner großen Freude gleich zu den Bienen dazubekommen hatte. Bis zu dem Zeitpunkt hatte ich keine Ahnung, wo ich die Bienenvölker aufstellen sollte, mein Garten kam dafür nicht infrage, der war fest in der Hand meiner Kinder und ihres Sandkastens.
Nun hatte ich von einem Tag auf den anderen beides, Bienenvölker und einen Standplatz. Etwas Entscheidendes fehlte noch immer: praktische Erfahrung. Die Versprechen des Imkers, der mir die Völker verkauft hatte, mich zu unterstützen, waren ebenso schnell verfallen, wie der Stand, den ich im Wald entdeckt hatte. Zu meinem Glück habe ich bei einem Volksfest mit einem Imkerstand bereits Kontakt zu einem Imker hergestellt, der im örtlichen Imkerverein im Vorstand tätig war. Jetzt bekam ich die Hilfe, die ich dringend benötigte. Ein Imker in der Nachbarschaft stand mir als Pate zur Seite und gab mir praktische Anleitung. Leider war mein Varroabekämpfungskonzept lückenhaft, was zum Totalverlust im darauffolgenden Herbst führte. Und das ausgemusterte Material, das ich mit den ersten Bienen gekauft hatte, hat als Brennholz letzte Dienste geleistet. Im nächsten Frühling erfolgte die Umstellung auf das Zandermaß in nagelneuen Beuten und neuen Völkern.
Vom ersten Start in die Imkerei ist nur der Standplatz und ein Sack voller Erfahrungen geblieben, die ich durch meinen YouTube-Kanal und diesem Ratgeber an zukünftige Imker weitergeben möchte. Übrigens habe ich fast nach jedem Besuch bei meinen Völkern Bienen im Auto herumfliegen, gestochen wurde ich dabei noch nie.

Viel Spaß beim Lesen, Schauen und mit euren Bienen

Euer Michael Ullmann

ANFLUG AUF DAS FLUGLOCH

Junge Arbeiterinnen beim Einfliegen.

BIENEN-HALTUNG

HONIGBIENEN SIND BLÜTENSTET

Sie besuchen die gleichen Blüten, so lange diese honigen (Nektar abgeben), daraus ergibt sich die enorme Bestäubungsleistung und ihre Bedeutung als Nutztier.

STAND EINER KORB-IMKEREI

Ein Leben im Staat

Honigbienen sind sehr anpassungsfähig und stellen scheinbar keine besonderen Ansprüche an ihre Behausungen. Felsspalten, Baumhöhlen, Rollladenkästen, hinter Wandverkleidungen, sogar im „Freibau“ habe ich schon Bienenvölker gefunden.

Beim Freibau hatten die Bienen die Waben außen am Baum angebracht, ungeschützt vor Witterungseinflüssen. Ob das Volk in der jeweils gewählten Unterkunft die Jahreszeiten überleben kann, ist offen. Die Bienen scheinen hier sehr experimentierfreudig zu sein. Der Erfolg gibt ihnen recht, schließlich gibt es Honigbienen seit mehreren Hundert Millionen Jahren nahezu unverändert auf der Erde. Ebenso vielfältig wie die selbst gewählten Behausungen sind die Betriebsweisen, die dem Imker zur Verfügung stehen, um seine Völker zu führen. Hier muss jeder (s)einen Weg finden, der zu ihm passt und seiner Überzeugung entspricht. Seit Tausenden von Jahren hält der Mensch bereits Bienen in den unterschiedlichsten Nisthilfen (Beuten), das reicht von Tonröhren über geflochtene Körbe bis hin zu den heute weit verbreiteten Magazin- und Trogbeuten.
Wer heute mit der Imkerei beginnen möchte, hat viele Möglichkeiten, Bienen zu halten. Hier stelle ich meine Betriebsweise und die dafür benötigten Materialien vor.

UNERMÜDLICHE BESTÄUBERINNEN

Zunächst einmal sollte man sich darüber im Klaren sein, was es bedeutet, Bienen zu halten. Bienen sind Nutztiere, die neben Rindern und Schweinen zu den wichtigsten Tieren für den Menschen gehören. Die größte Bedeutung stellt hierbei die enorme Bestäubungsleistung der Honigbienen dar.

▶ **Video 1:** Schwarm im Freisitz

Honigbienen sind blütenstet, das bedeutet, dass sie den lieben langen Tag die gleichen Blüten besuchen, solange diese honigen (Nektar abgeben).
Die Blüten geben den süßen Saft nicht uneigennützig ab, denn die Bienen nehmen in ihrem Haarkleid Pollen mit, den sie von Blüte zu Blüte verteilen. Genau das ist es, was beispielsweise ein Apfelbaum braucht: Pollen von anderen Apfelbäumen, die von den Bienen bei ihren Sammelflügen aufgenommen und weiterverteilt werden und ihn dadurch befruchten. Mit Pollen von Kirsche oder anderen Obstarten kann die Apfelblüte nicht befruchtet werden.

Pollen als Nahrung

Der Pollen dient den Bienen auch als Nahrung. Im Flug kämmen sie den Pollen mit ihrem mittleren Beinpaar aus ihrem Haarkleid und kleben diesen in Pollenhöschen an das hintere Beinpaar (der sehr bildliche Name für dieses Verhalten ist „höseln").
Die eiweißreiche Kost wird von den Ammenbienen aufgenommen, über Verdauungsprozesse zu Futtersaft (Gelee royale) verarbeitet und an die Larven der Bienen verfüttert. Der gesammelte Nektar wird im Stock durch wiederholtes Umtragen zu Honig eingedickt und der dürfte zu den Hauptgründen zählen, warum der Mensch die Biene als „Haustier" hält.

VERANTWORTUNG ÜBERNEHMEN

Bienenhaltung heißt Verantwortung übernehmen, einmal für die eigenen Bienen, aber auch für die Bienenvölker in der Nachbarschaft. Honigbienen leben zwar in den vom Imker zur Verfügung gestellten Beuten, dennoch bleiben sie Wildtiere, ständig auf der Suche nach Nahrungsquellen, wozu auch Besuche, natürlich ohne Einladung, bei Nachbarvölkern gehören. Eine Sucherin schafft leicht einen Suchradius von drei Kilometern, das entspricht ca. 28 Quadratkilometern. In meiner Gegend stehen auf dieser Fläche etwa 50 – 100 Völker, die ständig auf Schwächen abgetastet werden. Ist ein solch schwaches Volk entdeckt und ausgeräubert, wird nicht nur der Honig mitgenommen, sondern auch Krankheitserreger und Parasiten.

Vorausschauend handeln

Jedes einzelne Bienchen ist mir lieb und teuer, jedoch muss der Fokus auf dem gesamten Bienenvolk liegen. Schwache und kranke Völker am Stand gilt es zu vermeiden, hier muss vorausschauend und verantwortungsvoll gehandelt werden. Oft kommen Maßnahmen, die heute getroffen werden, erst Monate später zum Tragen, wenn beispielsweise beim Einwintern jedes Volk, und sei es noch so klein, durch den Winter geschleppt wird

1

Sammeln und bestäuben

2

3

und es letzten Endes Opfer der Räuberei eines starken Volkes oder der Wespen wird. Gerade in den ersten Jahren als Imker fällt es oft schwer, einen Schwächling aufzulösen und nur die stärksten Völker weiterzuführen. Völker, die stark in den Winter geschickt werden, kommen auch stark aus dem Winter und können im Frühling wieder durchstarten, um bei der Obstblüte genügend Honig zu produzieren, damit auch für den Imker volle Honigtöpfe herausspringen. Zweck der konventionellen Bienenhaltung ist es, Honig zu ernten und die Bestäubung der entsprechenden Anbauflächen zu gewährleisten.

1. Die Blüte liefert Nektar, die Bienen verteilen im Gegenzug den Pollen.

2. Nur gut bestäubte Blüten bringen solch schöne Äpfel hervor.

3. Imkerglück! Das flüssige Gold wird nach dem Schleudern in Eimer abgefüllt.

WABENGASSE

Eine Wabe wurde „gezogen", um den Volkszustand besser beurteilen zu können.

WABE MIT DROHNEN- UND ARBEITERINNEN-BRUT

Honigbienen *(Apis mellifera)*

Die Honigbienen sind staatenbildende Insekten. 5000 bis zu 50000 Tiere leben auf engstem Raum zusammen. Größtenteils sind es weibliche Wesen, eine Königin und vom Erstfrühling bis zum Spätsommer einige Hundert männliche, die Drohnen.

DROHNEN

Ein gesundes Volk hat ca. 18 Prozent Drohnen, deren Hauptaufgabe die Begattung der jungen Königinnen ist. Sobald sie geschlechtsreif sind, fliegen die Drohnen in der Mittagszeit aus allen umliegenden Völkern zu den Drohnensammelplätzen und warten dort auf die Ankunft der Prinzessinnen, die sogleich von Tausenden Drohnen in wilden Wettflügen verfolgt werden. Im Flug findet die Begattung statt und der Drohn stirbt noch im Moment der Paarung.

DIE KÖNIGIN

Von 20 – 30 Drohnen lässt sich eine junge Königin bei diesem Hochzeitsflug besamen. Die aufgenommenen Spermien reichen für ihr ganzes Leben, das durchaus fünf Jahre und länger dauern kann. Ihre Hauptaufgabe ist es, Eier zu legen und das Volk durch Abgabe von Pheromonen zu einen.
In der Hochphase der Brutzeit legt sie täglich 2000 Eier und mehr, was etwa ihrem Eigengewicht entspricht. Diese unglaubliche Leistung ist nur möglich, weil die Arbeiterinnen sie den ganzen Tag hegen und pflegen. Sie wird gefüttert, geputzt und ihre Exkremente werden entsorgt. Sie wird von ihrem Hofstaat zu den gesäuberten Zellen zur Eiablage geführt. Dabei gibt sie ständig Pheromone ab, die von den Bienen im ganzen Stock verteilt werden und den Zusammenhalt im Volk festigen.

1

2

3

Diese Duftstoffe unterdrücken bei den Arbeiterinnen die Ausbildung der Eierstöcke und somit die Eiablage, wozu jede Arbeiterin durchaus in der Lage wäre. Solange die Königin genügend Pheromone abgibt, signalisiert sie Stärke und vor allem ihre Anwesenheit. Die Arbeiterinnen merken sehr schnell, wenn ihre Königin plötzlich nicht mehr im Volk ist (Weiselunruhe) und beginnen sofort, eine Nachfolgerin zu schaffen.

ARBEITERINNEN UND IHRE JOBS

Die Aufgaben der Arbeiterinnen sind vielfältig. Nach dem Schlüpfen und der ersten Mahlzeit, bestehend aus Honig und Pollen, beginnen sie mit der Reinigung der Zellen, aus denen ihre Schwestern soeben geschlüpft sind, um der Königin Gelegenheit zur weiteren Eiablage zu geben. Nach einigen Tagen sind die Futtersaftdrüsen voll entwickelt und nun sind sie in der

4

Lage, den äußerst nahrhaften Futtersaft, das Gelee royale, zu produzieren. Damit werden die frisch geschlüpften Larven in ihren ersten Lebensstunden gefüttert, später bekommen sie auch Honig und Pollen verabreicht.

Larven

Ihre ersten sechs Tage verbringen die Larven nur mit Fressen, schließlich müssen sie ihr Gewicht ungefähr vervierhundertfachen. Wenn die Rundmade die Zelle komplett ausfüllt und sich streckt, verschließen die jungen Ammenbienen die Zelle mit einem porösen Deckel aus Altwachs. In den nächsten zwölf Tagen verpuppt sich die Made und es vollzieht sich die Metamorphose zur schlupfreifen Biene. Nur die Königin wird ab dem Larvenstadium ausschließlich mit dem Futtersaft gefüttert, denn dadurch ist sie in der Lage, Eierstöcke auszubilden und später die enorme Legeleistung zu erbringen.

Wächterinnen, Honigmacher und Baubienen

Mit zunehmendem Alter wagen sich die jungen Arbeiterinnen zum Flugloch, starten dort ihre ersten Orientierungsflüge und übernehmen Aufgaben als Wächterinnen. Von den zurückkehrenden Sammlerinnen übernehmen sie den Nektar, der zu 80 Prozent aus Wasser besteht. Durch mehrfaches Umtragen von Zelle zu Zelle, von Biene zu Biene, angereichert mit Enzymen aus den Kopfdrüsen, wird der Nektar eingedickt, bis der Wassergehalt auf 15–18 Prozent gesenkt und daraus Honig geworden ist. Der eingetragene Pollen wird ebenfalls mit Honig und Enzymen haltbar gemacht und als sogenanntes Bienenbrot in die Futterzellen eingelagert. Die Arbeiterinnen sind in der Lage, Wachs zu produzieren, das sie in feinen Blättchen aus Drüsen an der Unterseite des Hinterleibs ausschwitzen. Sie übernehmen zusammen mit anderen Baubienen den Ausbau des Wabenwerks. Die Waben dienen als Kinderstube und Vorratskammern für Pollen und Honig. Aus 50 Gramm Wachs bauen sie eine Wabe, die leicht zwei Kilogramm Honig fasst. Es werden sechseckige Zellen mit 5,4 mm Durchmesser für die Arbeiterinnenbrut, und Zellen mit 6,7 mm Durchmesser für die Drohnenbrut errichtet. Honig und Pollen lagern sie in beide Zellgrößen ein.

1. Gut zu erkennen, die bulligen Drohnen.
2. Die Königin mit ihrem Hofstaat.
3. Eine Arbeiterin bei der Brutpflege.
4. Brutwabe mit offener und verdeckelter Brut und gelben Pollen.

1

2

3

Lebenserwartung

Bereits nach 30–40 Tagen, gerechnet von der Eiablage, begeben sich die jungen Arbeiterinnen auf erste Sammelflüge um Pollen, Nektar, Wasser oder Propolis einzutragen. Durch die aufreibende Arbeit der Brutpflege und der Sammelflüge, in der Zeit vom Vollfrühling bis zum Spätsommer, ist die Lebenserwartung nicht sehr hoch, bereits nach vier bis sechs Wochen geht es mit ihnen zu Ende. Winterbienen hingegen werden bis zu sieben Monate alt, da in den Wintermonaten die Aktivität auf ein Minimum reduziert ist. Die Hauptaufgabe besteht darin, die Wintertraube zu wärmen. Die Bienen sitzen dabei sehr eng zusammen und bewegen sich kaum. Solange Zugang zum eingelagerten Futter besteht, können sie mit ihrer Flugmuskulatur, ähnlich unserem Muskelzittern, Temperaturen von über 40 °C erzeugen. Die Wintertraube erwärmen die Bienen auch bei tiefem Frost auf 15–25 °C.

DAS BIENENJAHR

Das Bienenjahr beginnt mit dem Erbrüten der Winterbienen im Spätsommer, die Tracht ist in meiner Gegend mit dem Verblühen der Lindenbäume vorbei, die Brutnester werden kleiner.

Lindenblüte – Drohnenschlacht und Wintervorbereitung

Die Drohnen haben ausgedient, die Arbeiterinnen lassen sie nicht mehr an das Futter und vertreiben sie aus dem Stock. Wir sind mitten in der Drohnenschlacht, sie liegen zuhauf tot vor dem Flugloch. Im Spätherbst, mit den ersten Nachtfrösten, gehen starke Völker aus der Brut, sie haben nun 15 000 – 20 000 Bienen, genug, um zu überwintern. Schwächere Völker brüten länger, bis ihre Bienenmasse groß genug ist, um durch den Winter

1. Die Lindenblüte ist die letzte große Tracht und markiert das Ende des Bienenjahres.

2. Mit der Haselblüte kommt der erste Pollen.

3. Der Krokus ist einer der ersten Nektarlieferanten.

4. Mit der Weidenblüte geht der Vorfrühling zu Ende.

4

zu kommen. Jetzt sollten 18–22 Kilogramm Futtervorrat im Volk sein, um die kalten Tage zu überstehen. Ohne Brutpflege reicht den Bienen ein Kilo Futter im Monat. Sobald, mit länger werdenden Tagen, die Königinnen in Eilage gehen und erste kleine Brutnester anlegen, steigt der Energieverbrauch und der Futterbedarf steigert sich mit zunehmender Brutmasse auf ein Kilo pro Woche. Die Bienen zehren von ihrem Fettpolster, um ausreichend Futtersaft herzustellen. Erst mit der Haselblüte steht erneut Pollen als Energiespender zur Verfügung. Allerdings ist dieser sehr trocken und kann nur bedingt aufgenommen werden.

Weidenblüte – Startsignal zur Eiablage

Das Einsetzen der Weidenblüte bringt ersten Nektar und Pollen in größeren Mengen und ist für die Königin das Startsignal, mit der Eiablage in die vollen zu gehen.
Die Königin kann entscheiden, ob sie befruchtete oder unbefruchtete Eier legt, aus Letzteren entstehen die Drohnen. Die Brutmasse wächst, somit kommen mehr und mehr Bienen zur Welt. Anfangs ist davon noch nichts zu sehen, da die Winterbienen gleichzeitig sterben und die Bienenmasse zunächst stagniert. Der Imker spricht hier von Durchlenzung.

Schwarmverhinderung!

1

2

1. Die Kirschblüte liefert Nektar in großen Mengen.

2. Der Schwarmtrieb ist erwacht, die erste Königin bereits geschlüpft.

Kirschblüte – der Schwarmtrieb erwacht

Mit der Kirschblüte sind wir am Anfang des Erstfrühlings, die Tage werden länger und in so manchem Volk erwacht der Schwarmtrieb. Schwärmen ist die Vermehrungsstrategie unserer Honigbienen. Neue Königinnen werden von den Arbeiterinnen herangezogen und die alte Regentin sucht beim ersten sonnigen Tag mit dem halben Staat das Weite.

Ist ein geeigneter Unterschlupf gefunden, beginnen die Baubienen mit dem mitgeführten Wachsvorrat, der schon Tage vor dem Abflug geschwitzt wurde, sogleich mit dem Wabenbau, der von der Königin umgehend bestiftet wird. Das heißt, die Königin legt Eier, die in den ersten zwei Tagen aufrecht in den Zellen stehen wie kleine Stifte. Auch ein Futtervorrat für mehrere Tage ist in den Honigmägen dabei, um die erste Zeit ohne eingelagerte Vorräte zu überstehen. Nach und nach erweitert das Volk den neuen Wabenbau, lagert Pollen und Nektar ein, wächst zu einem stattlichen Bien (Volk) heran, der den Winter hoffentlich überstehen kann.

Hochzeitsflug der neuen Königin

Die zurückgelassenen Bienen müssen warten, bis eine neue Königin geschlüpft und vom Hochzeitsflug zurück ist, um das Brutgeschäft wieder in Gang zu bringen. Sollte etwas schiefgehen, ist etwa die junge Prinzessin krank, flugunfähig oder kehrt vom Hochzeitflug nicht zurück, ist es um das Volk geschehen. Aus eigener Kraft können die Arbeiterinnen keine Königin ziehen, dafür sind befruchtete Larven, nicht älter als ein bis zwei Tage, nötig. Doch auch hier hat die Natur vorgesorgt, meist werden bis zu zehn Königinnenzellen gezogen, wenn der Schwarmtrieb einsetzt. Das Volk teilt sich so lange in Schwärme auf, bis nur noch ein Minimum an Tieren für einen Neubeginn übrig ist.

Geeignete Rassen

Im deutschsprachigen Raum werden in der Imkerei meist Honigbienen der Rasse Carnica (Apis mellifera Carnica) oder Buckfast Bienen (Zuchtrasse), eingesetzt, die mit den klimatischen Bedingungen unserer Breiten bestens zurechtkommen. Temperaturschwankungen von −30 °C bis +40 °C sind möglich, ohne die Beuten zu verstellen oder in Schutzhäuschen unterzubringen.

Wasserversorgung

Die Bienen brauchen im Sommer, neben einem guten Pollen- und Nektarangebot (Tracht) eine Wasserversorgung (Bach, Teich, Bienentränke usw.), um sich durch Wasserverdunstung abzukühlen. Im Winter ist Futter nötig, das in den Zellen der Waben eingelagert wurde (Honig oder Ersatzfutter aus Zuckersirup), um durch Muskelaktivität (Zittern der Flugmuskulatur) Wärme zu erzeugen.

Der Schwarm hat sich gesammelt und die Bienen suchen einen neuen Nistplatz.

WILDBIENEN SCHÜTZEN

Mauerbienen und Erdhummeln freuen sich über Nahrungsangebote und Nistmöglichkeiten.

HUMMELN – SYMPATHISCHE BRUMMER

Wildbienen

Wer den Bienen nur beim Fliegen zuschauen möchte und kein Interesse an der Honiggewinnung hat, kann für blühende Wiesen und Landschaften sorgen oder Nisthilfen für Wildbienen einrichten.

Blühende Landschaften – Lebensgrundlage der Wildbienen.

Wildbienen schaffen keine langen Ausflüge, wie es den Honigbienen möglich ist, um Nahrung zu suchen, sie brauchen Nahrung und Unterkunft in nächster Umgebung.
Sie leben meist solitär, ohne großen Staat, der es ermöglicht, bereits frühmorgens „vollgetankt" auf Nahrungssuche zu gehen. Bei Suchradien von wenigen Hundert Metern sind gerade sie auf blühende Landschaften angewiesen.
Das nötige Bewusstsein hierfür ist in den letzten Jahren zum großen Glück unserer Wildbienenpopulation und anderer Insektenarten stark gewachsen. Immerhin leben über 500 Arten dieser wilden Schwestern in unseren Breiten.
Wer jedoch Honig ernten möchte, schafft das nur bei optimaler Führung und Versorgung der Bienenvölker. Das erfordert einigen Aufwand und zeitlich genau getaktete Eingriffe. Grundkenntnisse des Vermehrungsverhaltens und der Brutzyklen sind für eine erfolgreiche Völkerführung fundamental. Hierzu finden Sie viele Beispiele und Tabellen in den nachfolgenden Kapiteln.

▶ **Video 2:**
Augsburger Bienenweide

Phänologischer Kalender mit zehn Jahreszeiten

In unserem Alltag kennen wir vier Jahreszeiten – Frühling, Sommer, Herbst und Winter – festgelegt nach astronomischen und kalendarischen Terminen.

Das Wort **Phänologie** stammt aus dem Griechischen und bedeutet so viel wie **die Lehre von den Erscheinungen.**

Ich imkere nicht nach festem Datum, sondern nach dem sogenannten phänologischen Kalender, der das Jahr in zehn Jahreszeiten einteilt und sich nach dem Erscheinen bestimmter Zeigerpflanzen richtet, somit Witterungseinflüsse und das Einsetzen bzw. Ende der Tracht berücksichtigt.
Die Phänologie befasst sich mit periodisch wiederkehrenden Wachstums- und Entwicklungserscheinungen der Pflanzen und auch der Tiere. Der Erstflug der Bienen fliest ebenfalls in diese Beobachtungen ein. Das Eintreten der zehn Jahreszeiten lässt sich nicht Tag genau festlegen, ist lokal sehr unterschiedlich und ändert sich von Jahr zu Jahr. In der Landwirtschaft helfen die phänologischen Jahreszeiten dem Landwirt seit Urzeiten zu beurteilen, welche Arbeiten für seinem Landstrich gerade anfallen. In der Klimawandelforschung ist der phänologische Kalender ebenfalls von Bedeutung.
Es ließ sich feststellen, dass die Frühlingsphasen immer früher eintreten. Der Beginn des Vollfrühlings, gekennzeichnet durch die Apfelblüte, wird genau beobachtet und dokumentiert. Er wandert vom Südwesten Deutschlands bis in den äußersten Norden mit etwa 40 Kilometer pro Tag, das macht einen Unterschied von insgesamt 25 Tagen.

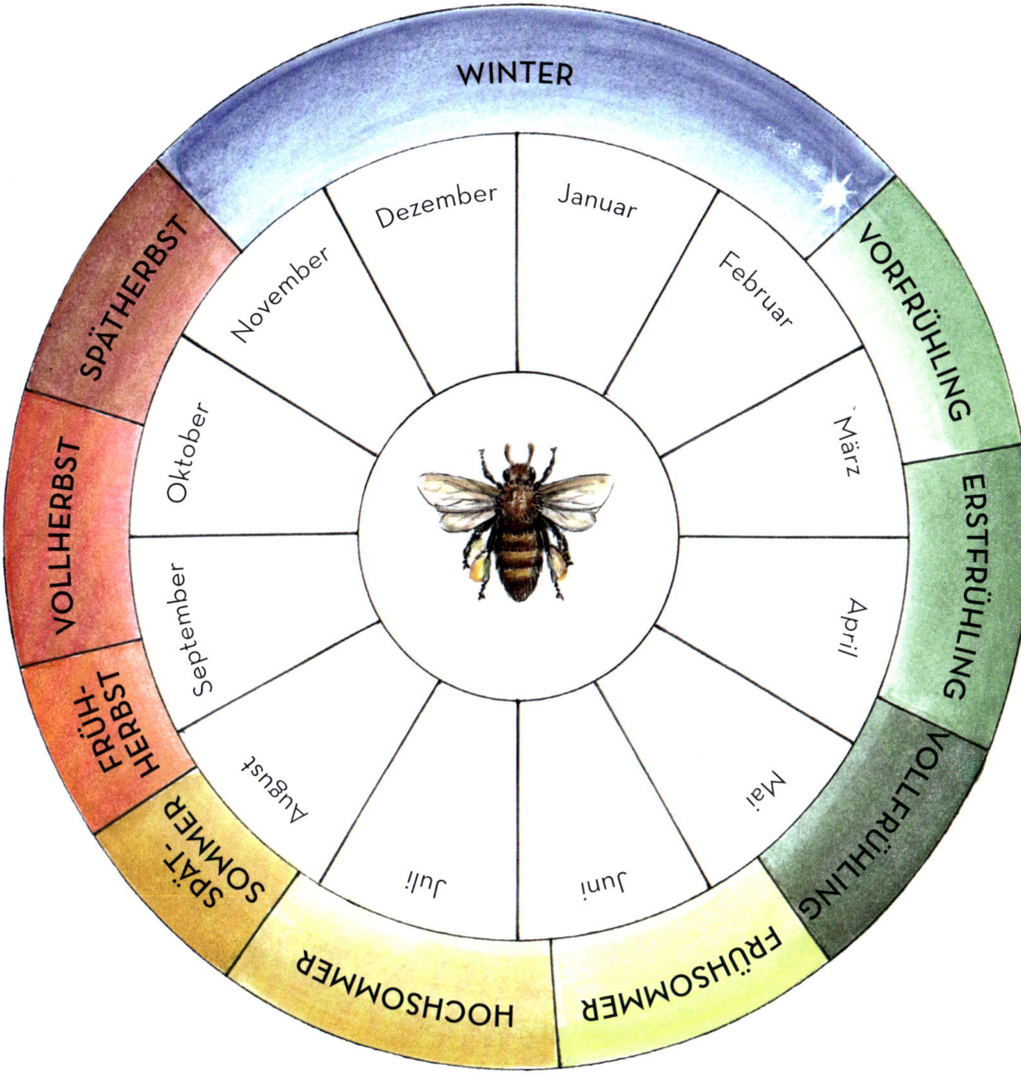

Der **phänologische Kalender** besitzt keine Daten, er richtet sich nach in der Natur wiederkehrenden Erscheinungen.

Zeigerpflanzen und Arbeiten

Für die Imkerei sind hier die relevanten Zeigerpflanzen und damit verbundene Arbeiten und Eingriffe an den Bienenvölkern aufgelistet.

1. VORFRÜHLING

Zeichen der Natur Beginn mit der Blüte von Hasel, Märzenbecher und Schneeglöckchen, erste Flüge der Honigbienen, Ende mit Blüte der Salweide.

Rund um den Bienenstock Futterkontrollen, Wintersitz auflösen, Varroadiagnose, Materialvorbereitungen

2. ERSTFRÜHLING

Zeichen der Natur Kirschblüte, Stachelbeerblüte

Rund um den Bienenstock Beginn der Schwarmzeit, Regelmäßige Schwarmkontrollen bis zum Beginn des Spätsommers, Erweiterung mit erstem Honigraum, Baurahmen einsetzen

3. VOLLFRÜHLING

Zeichen der Natur Apfelblüte

Rund um den Bienenstock Bienenmasse nimmt zu, evtl. weitere Erweiterung Honigraum, bei Bedarf Bau- bzw. Drohnenrahmen entnehmen/schneiden, Schleuderraum vorbereiten

Phänologie für Imker

4. FRÜHSOMMER

Zeichen der Natur Robinien- und Himbeerblüte

Rund um den Bienenstock erste Honigernte, Königinnenzucht, Ablegerbildung

5. HOCHSOMMER

Zeichen der Natur Lindenblüte

Rund um den Bienenstock zweite Honigernte, totale Brutentnahme (TBE), einfüttern, Varroabekämpfung, Nachlassen der Schwarmneigung

6. SPÄTSOMMER

Zeichen der Natur reife Frühäpfel, Heideblüte

Rund um den Bienenstock Varroadiagnose und Behandlung, einfüttern

7. FRÜHHERBST

Zeichen der Natur Holunderbeere ist reif, Herbstzeitlosenblüte

Rund um den Bienenstock Völkerauswahl, Wintersitz einrichten

8. VOLLHERBST

Zeichen der Natur allgemeine Laubverfärbung, Walnüsse reif

Rund um den Bienenstock Varroadiagnose und Behandlung

9. SPÄTHERBST

Zeichen der Natur Eichenlaub verfärbt sich, allgemeiner Laubfall

Rund um den Bienenstock Restentmilbung

10. WINTER

Zeichen der Natur blattlose Zeit

Rund um den Bienenstock Honigvermarktung, Futterkontrollen, Materialien für die nächste Saison vorbereiten

BEUTEN UND BETRIEBS-MITTEL

Sobald der Honigraum sich füllt, braucht es rechtzeitig eine Erweiterung.

Aufbau der Beuten

Meine Betriebsweise entspricht einer konventionellen Imkerei. Die Bienen nisten in Magazinbeuten aus Holz oder Styropor, der Wabenbau wird in Holzrähmchen errichtet. Die Beuten bestehen aus mehrteiligen Bauteilen, die miteinander kombiniert werden.

BODEN

Der Boden einer Magazinbeute dient als Einflugloch, Schutz vor Fressfeinden wie Mäusen oder Vögeln, zur Beurteilung des Bienensitzes und des Milbenbefalls. Ausgestattet sind die Böden mit einem Gitterboden und einer Schublade, die unter das Gitter geschoben werden kann, ohne das Bienenvolk zu öffnen. So kann man aufgrund der herabfallenden Wachsreste, toten Milben und sonstigem Gemüll eine Diagnose über den Volkszustand stellen ohne die geringste Störung der Bienen. Das Flugloch kann durch einen Fluglochkeil in der Größe an die Volksstärke oder Jahreszeit angepasst werden. Die verbauten Materialien sind bevorzugt Lärchenholz und Edelstahlgitter, um Langlebigkeit zu gewährleisten. Das Gewicht spielt bei den Böden nur eine zweitrangige Rolle, da diese selten bewegt werden und nur einen Bruchteil des Magazins ausmachen.

ZARGEN

Auf dem Boden aufbauend kommen die sogenannten Zargen. Das sind die Kästen, in denen die Rähmchen mit dem Wabenbau gehängt werden. Das Material der Zargen sollte aus Gewichtsgründen Weymouthskiefer oder alternativ Fichte sein. Wie schon erwähnt kommen auch Beuten zum Einsatz, die komplett aus Styropor gefertigt und dadurch deutlich leichter sind als die Holzkonstruktionen. Trotzdem ziehe ich das Naturbaumaterial Holz aus Umweltgründen vor. Zudem lässt sich Holz einfacher reparieren, wenn etwas beschädigt ist. Eine moderne Zarge verfügt über Griffleisten vorne und hinten, die

▶ Video 3: Honigraum und Baurahmen

oberen Auflageflächen sind glatt, ohne Falz, so lassen sich die Bienen leichter abfegen. Zum Schutz gegen Verrutschen reichen kleine Leisten an der Unterseite. Die Auflagen für die Rähmchen sind dünne Edelstahlschienen, um wenig Auflagefläche zu bieten, da die Bienen jegliche Kontaktfläche mit Kittharz (Propolis) verkleben, was das Entnehmen der Rähmchen erschwert.
Mehrere dieser Zargen werden, je nach Volkgröße und Jahreszeit, übereinandergestapelt und mit einem Deckel verschlossen.

RÄHMCHEN UND MITTELWÄNDE

Die Rähmchen bestehen aus Hartholz mit einem Oberträger, der überstehende Enden hat, die sogenannten Ohren, die als Auflage auf den Edelstahlschienen der Zargen dienen. Die Rähmchen sind in Längsrichtung mit Edelstahldraht bespannt, der Stabilität verleiht und die Aufnahme der Mittelwände gewährleistet.
Mittelwände sind Bienenwachsplatten, auf die Arbeiterzellen im Maß 5,4 mm geprägt sind. Der Rähmchendraht wird mit einem Trafo oder einem Batterieladegerät erhitzt, sodass das Wachs der Mittelwand um den Draht herum verschmilzt. Den Wabenbau errichten die Bienen in den Rähmchen mit den eingelöteten Mittelwänden. Selbstverständlich könnten die Bienen das im Naturbau selbst erledigen, nur legen sie keinen Wert auf gerade Waben (die in eine Schleuder passen), oder auf eine klare Trennung zwischen Arbeiter- und Drohnenbau. Naturbau (Baurahmen ohne Mittelwand) wird im Brutraum zugelassen, um Drohnenzellen (6,7 mm) zu generieren, und auch bedingt im Honigraum zwischen bereits ausgebauten Waben, um die Wachsproduktion zu erhöhen.
Gibt man keinen Baurahmen, errichten die Bienen Drohnenbau an den Unterträgern oder bilden Arbeiterzellen auf Mittelwänden um. Das erschwert eventuelles Schneiden der Drohnenbrut zur Varroabekämpfung.

Oberträger

Der Oberträger ist 28 mm breit, der Abstand zwischen den Mittelwänden muss 35 mm sein, so können die Bienen ihren Wabenbau optimal errichten und halten ihren sogenannten „beespace“ von sieben mm ein. Daraus ergibt sich ein Abstand von Oberträger zu Oberträger von ebenfalls sieben mm. Hoffmannrähmchen haben an den Seitenteilen Verbreiterungen, um den richtigen Abstand herzustellen, doch diese Kontaktflächen werden mit Propolis verkittet und der Abstand der Rähmchen wird so im Lauf der Saison immer größer. Deshalb muss hier die Kontaktfläche regelmäßig sauber gekratzt werden.

Mein Tipp

Ich bevorzuge normale Rähmchen und schätze den Abstand mit meiner Fingerkuppe und Augenmaß.

BEUTENAUFBAU IM ÜBERBLICK

1. Boden mit Fluglochkeil
Der Gitterboden mit Fluglochkeil dient als „Fundament“ der Beute. Das Gitter schützt die Bienen vor Feinden, über den Fluglochkeil wird die Größe des Fluglochs an die Volksstärke und Jahreszeit angepasst.

2. Zarge
Die Zargen sind mit Edelstahlschienen zur Aufnahme der Rähmchen ausgestattet. Mehrere dieser Zargen werden, je nach Volkgröße und Jahreszeit, übereinandergestapelt und mit einem Deckel verschlossen.

3. Rähmchen und Mittelwände
Die Mittelwände aus Bienenwachsplatten werden in die Rähmchen eingelötet.

4. Abperrgitter
Das ASG lässt nur Arbeiterinnen passieren, Königin und Drohnen bleiben dadurch im Brutraum.

5. Deckel
Im Bienenhaus bildet der Holzdeckel den Abschluss, am Außenstand wird noch ein Wetterschutzdeckel aufgelegt.

Zandermaß

Beim Zandermaß sind pro Zarge zehn Rähmchen eingehängt. Die Rähmchen hängen in Längsrichtung zum Flugloch, im sogenannten „Kaltbau“. Der Abstand von Rähmchen und Zargenwand muss dem beespace entsprechen. Bei diesem Abstand können die Bienen die Rähmchen von allen Seiten umlaufen und errichten keinen Wabenbau oder verkitten Rähmchen und Zargenwand mit Propolis.

1. Die Zanderzarge nimmt zehn Rähmchen auf.

2. Im Vergleich ein modifiziertes Rähmchen unten und ein normales Rähmchen mit dünnerem Oberträger oben.

Absperrgitter

In der konventionellen Imkerei wird die Weisel (Königin) mit einem Absperrgitter (ASG) im Brutraum gehalten. Die Abstände der Gitterstäbe sind so bemessen, dass nur die Arbeiterinnen passieren können. Da die Königin und die Drohnen einen dickeren Brustteil haben, passen sie nicht durch die Gitterstäbe. Dadurch wird eine Trennung von Brutbereich und Honigraum erreicht. Diese Trennung erleichtert die Honigernte und gewährleistet, dass nur unbebrütete Waben in die Schleuder kommen. Bebrütete Waben dürfen nur dann geschleudert werden, wenn keine offene oder verdeckelte Brut vorhanden ist, andernfalls führt das zu Verunreinigungen des Honigs. Umhängen von bebrüteten Waben ist in der normalen Betriebsweise nicht erforderlich, allenfalls bei Königinnenzucht im weiselrichtigen Volk oder zur Pflege von Königinnenzellen im Honigraum. Das ASG soll nicht auf den Oberträgern aufliegen, hier muss wie bei den Rähmchen und Zargen der beespace eingehalten werden, sonst haben die Bienen nur die Aufstiegsmöglichkeit zwischen den Wabengassen. Absperrgitter sind mit Holzrahmen erhältlich und bilden bei mir einen Teil des Deckels im Winter.

1

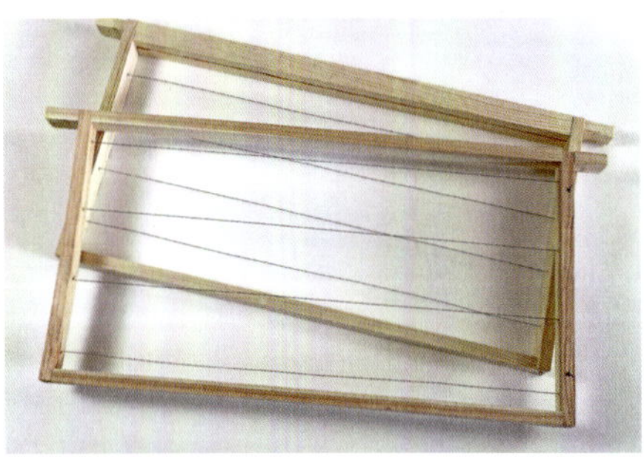

2

Deckel

Dem Deckel kommt eine besondere Bedeutung zu, er sollte die entstehende Feuchtigkeit ableiten und gleichzeitig gut isolieren. In den Sommer-

Mit dem ASG wird eine Trennung zwischen Brut- und Honigraum hergestellt.

PROPOLIS

Propolis gehört neben Nektar, Pollen und Wasser zu den vier Substanzen, die von den Bienen gesammelt werden und ist eines der wertvollsten Dinge, die die Imkerei hervorbringt. Propolis oder Kittharz verwenden die Bienen, um jede Oberfläche innerhalb des Stocks zu versiegeln. Propolis wirkt antibakteriell, pilz- und virenhemmend und ermöglicht es den Bienen, mit Tausenden von Individuen auf engsten Raum zusammenzuleben, ohne ständigen Krankheitsausbrüchen ausgesetzt zu sein.

monaten reicht es, eine Folie unter den Holzdeckel zu legen. Jetzt sind die Bienen aktiv und können die Feuchtigkeit selbstständig abführen bzw. verdunsten, um im Stock die Temperatur zu regeln.
Unter die Folie lege ich ein bienendichtes Gitter aus Silikon, das von den Bienen nicht zernagt wird und dessen Lücken und Kontaktflächen sie mit Propolis füllen.
Im Spätherbst wird die Folie entfernt und durch mehrere Lagen Pappe, ca. 2-3 cm, ersetzt. Pappe isoliert hervorragend und führt die Feuchtigkeit aus dem Stock ab, sodass Schimmelbildung auch bei geschlossenem Boden auf den Randwaben verhindert wird. Das Absperrgitter (ASG) wird umgedreht auf die Pappe aufgelegt, die Rutschleisten nach oben, darauf kommt der Holzdeckel mit der flachen Seite nach unten. So entsteht ein kleiner Spalt zwischen Deckel und dem Gitter, um die Feuchtigkeit abzuführen, die sich sonst zwischen der Pappe und dem Holzdeckel sammeln würde und hier wiederum zu Schimmelbildung führt. Zu guter Letzt kommt noch ein Wetterschutzdeckel aus Blech mit einem Stein als Sturmsicherung auf die Beute.

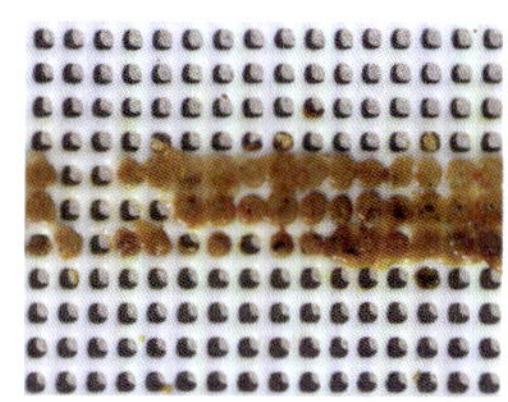

Propolisgitter aus Silikon mit eingelagertem Propolis.

▶ Video 4:
Diffusionsoffener Deckel

Betriebsmittel

Betriebsmittel können Bestandteil der Beuten sein, die nicht ganzjährig in Gebrauch sind, oder der Ablegerbildung und Königinnenvermehrung dienen. Werkzeuge braucht man, um die Völker zu bearbeiten.

FUTTERGESCHIRR UND FUTTER

Der Futtervorrat für den Winter ist der Honig, den wir ernten. Nach der letzten Honigentnahme, in meiner Gegend meistens im Hochsommer, mit dem Abblühen der Linden, finden die Bienen nicht mehr genügend Nahrung, um Vorräte für den Winter anzulegen. Deshalb werden die Bienen gleich nach dem Abschleudern eingefüttert. Bis spätestens zum Ende des Spätherbstes muss die Einfütterung abgeschlossen sein, sonst nehmen die Bienen durch die kalte Witterung kein Futter mehr ab. Wer seine Völker auf Honig überwintern möchte, sollte den Bienen am besten Frühjahrshonig geben. Honigtauhonige sind sehr ballaststoffreich und sollten auf keinen Fall als Winterfutter in den Völkern bleiben. In langen Kälteperioden ist es den Bienen nicht möglich, einen Reinigungsflug zu unternehmen, um abzukoten. So fangen sie an, ihr Geschäft im Stock zu verrichten, und besiegeln damit ihr eigenes Ende. Es kommt zu einer massiven Durchfallerkrankung, der Ruhr, die das Volk selten überlebt.
Gefüttert werden die Völker mit Zuckerwasser, Maissirup oder mit Fertigfutter, das von der Industrie angeboten wird. Bienen sind keine Nager, sie besitzen einen Saugrüssel. Deshalb sollte Flüssigfutter angeboten werden und kein Futterteig, der macht die Einlagerung umständlich, da die Bienen den Teig erst verflüssigen müssen.

Eimer oder Kunststoffwannen

Kunststoffwannen oder 12,5-kg-Honigeimer, in die der Futtersirup eingefüllt wird, benötigen eine Leerzarge, funktionieren aber ebenso.
Der Nachteil dabei ist, dass beim

Tipp

Zur Fütterung bevorzuge ich Adamfütterer und Futterzargen mit speziellen Aufstiegshilfen.

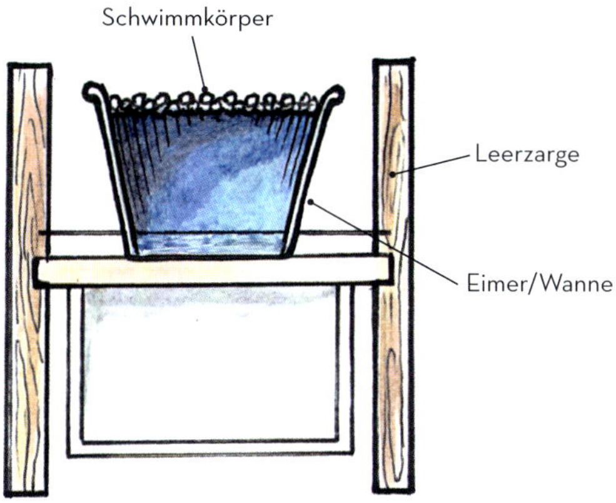

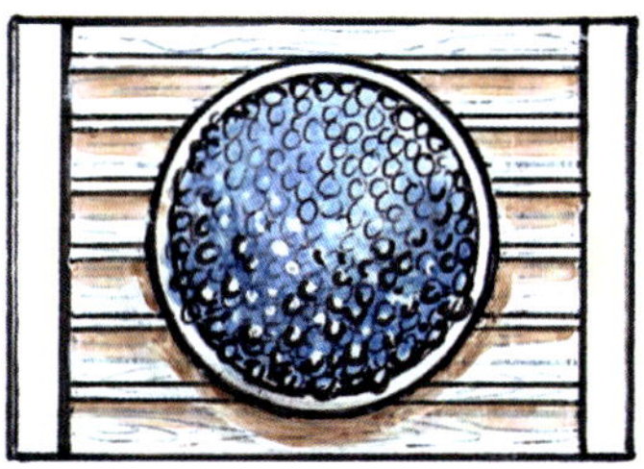

Einfüttern mit Eimer oder Wanne. Dabei sollte die Futteroberfläche vollständig mit Schwimmkörpern bedeckt sein, sonst ertrinken die Bienen.

Nachfüllen Bienen im Behälter sind, die es unter Umständen nicht mehr an die Oberfläche schaffen.
Beim Füttern mit Eimer oder Kunststoffwannen sind Schwimmkörper aus Korken, Stroh oder Kiefernzapfen notwendig, sonst ertrinken die Bienen im Futter. Das Zuckerwasser kann man mit Haushaltszucker und Wasser selbst herstellen. Geld spart man dadurch nicht, es macht nur zusätzliche Arbeit. Mischungsverhältnisse von Zucker und Wasser können 1 : 1, 2 : 1 oder 3 : 2 sein.

KEIN FREMDER HONIG

Keinesfalls dürfen Bienen mit fremdem Honig gefüttert werden! Das führt zu Verbreitung von Krankheiten. Honige, die im Supermarkt verkauft werden, sind Mischhonige aus EU- und Nicht-EU-Ländern. Hier kommt Honig aus Ländern, in denen zur Faulbrutbekämpfung Antibiotika eingesetzt werden. So kommt es dort zwar nicht zum Ausbruch der Faulbrut (sporenbildendes Bakterium), dennoch befinden sich die Faulbrutsporen in den Völkern und somit im Honig.
Für den Menschen ungefährlich, im Bienenstock kann das zum Ausbruch der gefürchteten Faulbrut führen.

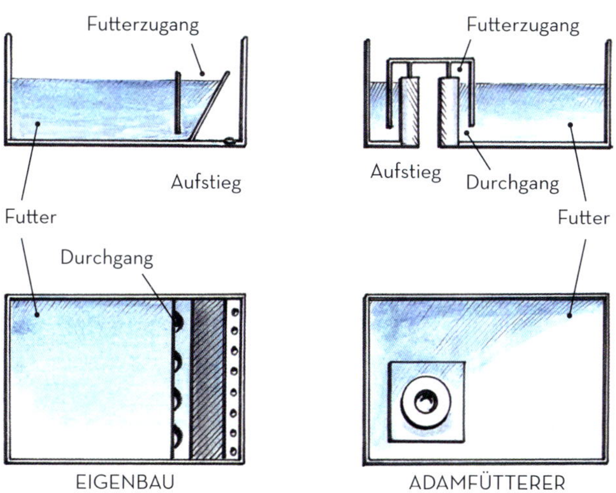

Adamfütterer und Futterzarge im Querschnitt.

EINFÜTTERN IN EIGENBAU UND ADAMFÜTTERER

1. Futtergeschirr
Futtergeschirre haben den Vorteil, dass nachgefüttert werden kann, ohne das Volk zu öffnen. Die Folie wird normalerweise nur so weit zurückgeschlagen, dass keine Bienen an den Futtervorrat gelangen.

2. Aufnahme des Futters
Die Bienen gelangen über den Aufstieg nur an einen kleinen Teil des Futters, so sind sie vor dem Ertrinken sicher.

3. Adamfütterer
Beim Adamfütterer ist der Aufstieg seitlich versetzt, um Ablegern mit wenigen Waben das Futter direkt über den Rähmchen anzubieten.

4. Abends füttern
Gefüttert wird immer am Abend und der gesamte Stand gleichzeitig, das beugt einer Räuberei vor. Aus demselben Grund sollte das Flugloch auch stark eingeengt werden.

5. Abschluss
Die Fütterung muss zum Anfang des Vollherbst abgeschlossen sein, da die Nächte zu kalt und feucht werden und die Bienen kein Futter mehr aufnehmen.

1

2

3

THERMOSCHIEDE

In der Brutphase, etwa vom Vorfrühling bis zum Spätherbst, passe ich den Brutraum mit Schieden aus Sperrholz oder bevorzugt Rähmchen mit beschichteten Hartschaumplatten, die sogenannten Thermoschiede, an die Brutmasse an. Der gesamte Brutraum wird nur in den Sommermonaten, wenn die Bienenvölker voll entwickelt sind, benötigt. Das Anpassen der Bruträume wird später noch mal im Fokus stehen.

ABLEGERKÄSTEN

Für eine erfolgreiche Imkerei ist eine regelmäßige Verjüngung der Königinnen notwendig. Dies kann man den Bienen selbst überlassen (auf Dauer nicht zu empfehlen) oder gezielt durch Selektieren und Nachzüchten der besten Königinnen. Da dies von zentraler Bedeutung ist, beschreibe ich die Königinnenzucht und Ablegerbildung ausführlich in den entsprechenden Abschnitten.
Ableger bilde ich auf speziellen, dreigeteilten Böden, sie ermöglichen es, drei Ableger (Kleinvölker) auf einem Boden zu halten, ebenfalls im Standmaß Zander. Es gibt einfache Kästen, in die fünf Rähmchen passen und die ebenfalls häufig Verwendung finden. Sie eignen sich auch hervorragend zum Schwarmfang.

EINWABENKÄSTCHEN (EWK)

Will man seine Königinnenzucht so weit verfeinern, dass möglichst reinrassige Bienen erbrütet werden, kommt man um eine Begattung auf einer Belegstelle nicht herum. Dort gibt es einen Schutzkreis, in dem keine Völker aufgestellt werden dür-

1. Sperrholz- und Thermoschiede zum Anpassen des Brutraums an die Brutmasse.

2. Ein Dreierboden mit den Aufnahmeschienen für die Trennwände

3. Die Zarge mit zwei Trennwänden bietet drei Ablegern im Zandermaß Raum.

▶ **Video 5:**
Beuten, Böden, Mittelwände

1

2

3

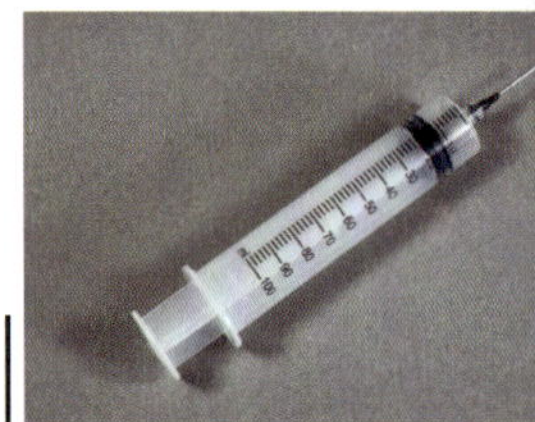

4

▶ **Video 6 und 7:**
Königinnenzucht im weiselrichtigen Volk Teil 1 und 2

▶ **Video 8:**
Belegstelle Bleckenau

▶ **Video 9:**
EWK aufs Standmaß umsiedeln

▶ **Video 10:**
Brutableger im Mini Plus

fen, außer den Vatervölkern, die allesamt von einer Königin abstammen. Diese Völker bzw. Königinnen werden von Züchtern auf ihre Abstammung und Eigenschaften geprüft (Körung) und haben einen Stammbaum, der viele Generationen zurückreicht. Hier wird besonders viel Drohnenbrut zugelassen (zwei bis drei Baurahmen mit Drohnenzellen pro Volk), die alle dieselben genetischen Merkmale haben. Bringt man nun Königinnen zur Belegstelle, müssen die Völkchen drohnenfrei sein, um eine Vermischung mit anderen Rassen zu verhindern. Es sind nur bestimmte Beutesysteme zugelassen, die eine Kontrolle auf Drohnenfreiheit ermöglichen. Meist sind es Kästen mit Glasscheiben, den Einwabenkästchen (EWK). Ebenfalls finden sich kleine Styroporbeuten wie Apidea, Mini Plus oder ähnliche Systeme auf den Belegstellen. Diese lassen sich auch schnell auf Drohnenfreiheit überprüfen.

MINI PLUS

Zur Königinnenzucht verwende ich ein Beutensystem aus Styropor, das ein kleines Rähmchenmaß hat, ca. ½ Dadant. Im Mini Plus halte ich junge Königinnen, die im Herbst

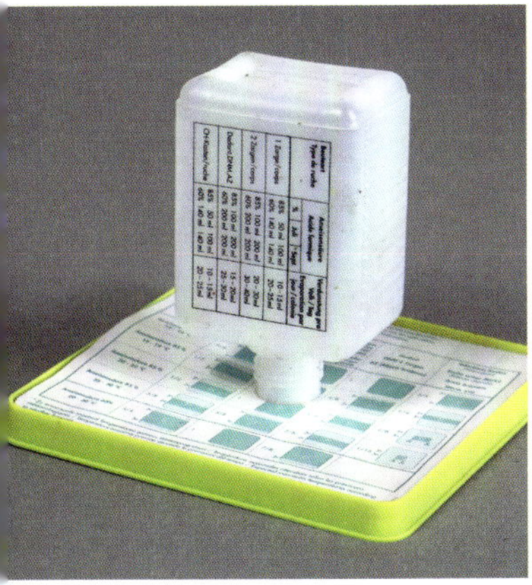

5

mit älteren Königinnen aus den Wirtschaftsvölkern getauscht werden. Die jungen Königinnen haben eine deutlich geringere Schwarmneigung als ältere. Die Besten der alten kommen zur Nachzucht und verbleiben im Mini Plus, bis der Königinnennachwuchs aus den EWK in Eilage ist. Dadurch habe ich immer eine Reserve an Königinnen und kann bei Weisellosigkeit in einem Wirtschaftsvolk sofort eine Königin einweiseln. Das stellt allerdings eine Imkerei in der Imkerei dar, da hier mit verschiedenen Beutensystemen und Rähmchenmaßen gearbeitet wird. Für Imker mit wenigen Völkern ist das ein unnötiger Mehraufwand, die Zucht und Königinnenvorhaltung kann ohne Weiteres auf dem Standmaß durchgeführt werden.

BEHANDLUNGSMITTEL

Zur Bekämpfung der Milben werden ausschließlich organische Säuren wie Ameisensäure (AS), Oxalsäure (OS) und Milchsäure (MS) eingesetzt. Diese Säuren kommen in der Natur vor und werden in Spuren von den Bienen mit dem Nektar und Pollen ebenfalls eingetragen. Diese Behandlungsmittel dürfen nur nach der letzten Honigentnahme und bis zum Ende der brutfreien Zeit im Winter eingesetzt werden, genauer: dem 31.12. des jeweiligen Jahres, sonst kann es zu erhöhten Werten im Honig kommen und dieser wäre dann nicht mehr verkehrsfähig.

Verabreicht wird die AS über Verdunster, z. B. Schwammtücher, sogenannte Langzeitverdunster oder industriell hergestellte Streifen in Kombination mit OS. MS wird direkt auf die Bienen gesprüht. OS kann gesprüht oder geträufelt werden. Ebenfalls möglich ist das Verdampfen von Oxalsäure im Volk, dieses Verfahren ist in Deutschland (noch) nicht zugelassen.

Die Varroabekämpfung begleitet uns das gesamte Jahr über und wird in einem eigenen Kapitel ab Seite 95 ff. ausführlich beschrieben.

1. Bereits wenige Bienen genügen, um ein Kleinstvolk im EWK zu bilden.

2. Der obere Teil ist ein eingebauter Fütterer. Die Kleinstvölker können sich nicht selbst versorgen, der Futterstrom darf nicht abreißen.

3. Vier zusammengestellte Mini-Plus-Beuten bieten gute Voraussetzungen zur Überwinterung. Auch hier arbeite ich mit nur einem Brutraum, eingewintert wird auf drei Zargen.

4. Mit der Spritze wird die Oxalsäure/Zuckerlösung in die Wabengassen geträufelt.

5. Langzeitverdunster für die Ameisensäurebehandlung.

Antibiotika sind zur Faulbrutbehandlung in Deutschland nicht zugelassen. Beim Verfassen dieses Buches im Dezember 2021 war noch nicht klar, wie es mit den Zulassungen für einige der gängigen Medikamente weitergeht. Die EU-Verordnung 2019-6 hebt die Standardzulassungen für AS, OS, und MS ab dem 28.01.2022 auf. Es wird bis zum 29.01.2027 eine Übergangsfrist geben. Hierzu bitte die Veröffentlichungen der Bieneninstitute verfolgen.

WERKZEUGE

Zur Bearbeitung der Völker sind noch ein paar spezielle Werkzeuge nötig, die zur Standardausrüstung eines Imkers gehören. Ein Gerät zur Raucherzeugung, der **Smoker**, dient der Besänftigung der Bienen. Der Rauch löst bei den Bienen eine sofortige Futteraufnahme aus, zur Vorbereitung auf ein fluchtartiges Verlassen des Stocks, da es zu einem Waldbrand kommen könnte. Sanftmütige Völker lassen sich auch ohne Rauch bearbeiten.
Ein **Stockmeißel** ist ein Multifunktionswerkzeug. Er dient zunächst dazu, die Zargen zu lösen, da diese von den Bienen mit Kittharz verklebt werden. Zum Anheben der Rähmchen sowie zum Reinigen der Oberflächen, indem man mit ihm Wachs und Kittharz abkratzt, leistet er hervorragende Dienste.
Wabenhalter ermöglichen ein sauberes Abstellen der Rähmchen, vor allem bei besetzten Waben und Honigwaben, die ja Lebensmittel enthalten und nicht im Dreck landen sollten.
Ein **Imkerbesen** dient ausschließlich

1. Wabenhalter zum Befestigen an der Zargenwand.

2. Besen, Smoker, Stockmeisel und Wabenhalter sind fester Bestandteil meiner Ausrüstung.

1

2

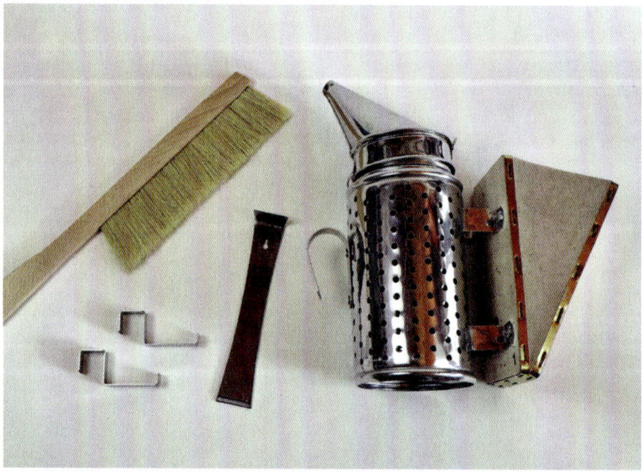

Der ideale Standplatz – Abweichungen werden toleriert.

Mein Tipp

Ich bevorzuge Rosshaarbesen, die in der Spülmaschine gut zu reinigen sind.

▶ **Video 11:** Smoker und Rauchmaterial

zum Abkehren der Bienen von den Waben, z. B. um diese für die Honigernte bienenfrei zu transportieren.

DER BIENENSTAND

Nun habe ich das benötigte Material umrissen und wir können fast schon mit der Imkerei beginnen.
Zunächst möchte ich dem Standplatz der Beuten noch einige Worte widmen. Der ideale Standplatz ist eine windgeschützte Südhanglage mit Laubbäumen. Die Bäume lassen im Frühling und im Herbst die Sonnenstrahlen zu den Kästen durch und im Sommer spenden sie Schatten. Die Hanglage sorgt für einen Abfluss von kalter Luft. In nächster Umgebung finden sich Gärten, Felder und Wälder, die vom Vorfrühling bis zum Spätherbst ein breit gefächertes Nahrungsangebot in Form von Nektar und Pollen liefern. Ein Fließgewässer in der Nähe und eine Zufahrtsmöglichkeit runden diesen Garten Eden ab. Jede Abweichung stellt einen Kompromiss dar, wird aber von den Bienen durchaus toleriert. Man sollte auf jeden Fall Kaltluftseen (Talsenke) und/oder besonders windige Plätze (Bergkuppen) beim Aufstellen vermeiden. Die Ausrichtung des Fluglochs spielt nur eine sekundäre Rolle, die Bienen bevorzugen jedoch südöstliche bis südwestliche Ausrichtungen. Bei nördlichen Ausrichtungen fliegen die Bienen sofort in Richtung Sonne ab.

1

2

1. Schutzausrüstung ist für Anfänger ratsam.

2. Magazinbeuten auf Paletten in rückenschonender Arbeitshöhe.

Eine Rolle spielt die auch die Erreichbarkeit, denn Bienenhaltung ist auch eine gewisse Materialschlacht, die bewegt werden will. Für mich ist eine Zufahrtmöglichkeit mit dem Auto zwingend notwendig.
Grundsätzlich dürfen in Deutschland überall Bienenkästen aufgestellt werden, das ist gesetzlich geregelt, jedoch sollte das immer mit dem Grundstücksbesitzer und den Nachbarn abgesprochen sein. Eine regelmäßige süße Gabe der Honigernte über den Zaun erleichtert das Miteinander in der Regel ungemein.
Die Böden können direkt auf die Wiese, einen Kies- oder ähnlichen Untergrund gestellt werden. Um jedoch die Lebensdauer zu verlängern und eine bequeme Arbeitshöhe zu erreichen, bieten sich Ständer aus Europaletten, Bretter auf Steinplatten oder speziell angefertigte Auflagen an. Der Bau eines Bienenhauses bedarf einer Baugenehmigung und ist für eine erfolgreiche Imkerei nicht notwendig. Die Beuten überstehen viele Jahre im Freien, ohne Schutzhäuschen oder Anstrich.

SCHUTZKLEIDUNG

Dem Anfänger rate ich dringend für die Arbeiten mit den Bienen zu einer entsprechenden Schutzkleidung. In meinen Imkerkursen sind für Schülerinnen und Schüler Schleier und Handschuhe Pflicht.
Um die nötige Ruhe und Gelassenheit für die Arbeiten an den Völkern mitzubringen, ist das Tragen von Schleier und Handschuhen, gerade am Anfang, dringend anzuraten. Hält

man eine Wabe in der Hand, krabbeln die Bienen schon mal über die Finger. Auch ohne gleich gestochen zu werden, kostet es einige Überwindung, das hinzunehmen.
Bienen suchen die Wärme, kriechen gerne mal in Ärmel und Hosenbeine. Hier kann mit eng anliegenden Bündchen oder mit den Socken abgedichtet werden. Selbstverständlich bietet der Imkereibedarf entsprechende Ausrüstung vom einfachen Schleier bis zum Overall. Bei den Handschuhen empfehle ich Modelle mit gutem Tastgefühl. Von klobigen Lederhandschuhen kann ich nur abraten, die taugen allenfalls bei Gartenarbeiten mit Schaufel und Schubkarren.
Wenn ich an meinen Bienen, wie in meinen Videos zu sehen ist, ohne Schutz arbeite, geht das nur wegen der unzähligen Stiche, die ich im Lauf der Jahre abbekommen habe, weshalb eine Immunität erreicht ist und ich keine Schwellungen mehr bekomme. Wenn ich ohne Handschuhe arbeite, ist neben dem Armband meiner Uhr eine beliebte Einstichstelle. Deshalb lieber ohne Uhr arbeiten, denn Zeitdruck ist eh kein guter Imker.

Imkerinnen mit einer Brutwabe.

BETRIEBS-WEISEN

Brutwabe mit Arbeiterinnen und Drohnenbrut

Magazinimkerei

Eingangs habe ich schon erwähnt, dass es viele verschiedene Betriebsweisen gibt, um zu imkern. Die Betriebsweise steht für ein Konzept, wie die Bienen geführt bzw. gehalten werden.

Die Magazinimkerei (darunter versteht man rechteckige oder quadratische Zargen, die nach Bedarf übereinandergestapelt, auf Volksgröße und Honigmenge angepasst werden können) wird auf verschiedenen Rähmchenmaßen praktiziert. Am weitesten verbreitet ist im deutschsprachigen Raum Zander, Deutsch Normal (DN) oder Großrähmchen wie Dadant und Zadant (eine Kombination aus Zander und Dadant). Der Vollständigkeit halber seien hier auch Trogbeuten und Bienenkisten angeführt, in denen teils im Naturbau oder auch auf gängigen Rähmchenmaßen der Wabenbau errichtet wird. Diese finden jedoch in der konventionellen Imkerei kaum Verwendung, da die vertikale Verteilung der Waben kaum Raum für Erweiterung gibt. Im Naturbau werden die Waben nicht geschleudert, sondern müssen gepresst werden. Eine Wanderung in Trachtgebiete ist mit diesen großen Kisten nur schwer realisierbar.

GETEILTER BRUTRAUM

Traditionell wird auf Zander oder DN im geteilten Brutraum gearbeitet, das heißt, der Königin stehen zwei Zargen mit 20 Rähmchen zum Bebrüten zur Verfügung.
Das Nest ist über diese zwei Zargen verteilt, in denen sich die Königin frei bewegen und Eier legen kann. Sie legt aber nicht in alle Waben Eier, in den Randwaben wird meist nur Pollen und Futter eingelagert. Ebenfalls werden Futterkränze aus Honig und Pollen über und seitlich des Brutnests angelegt, sodass dieser Honig nur bedingt geerntet werden kann. Auf diese beiden Bruträume kommt der Honig-

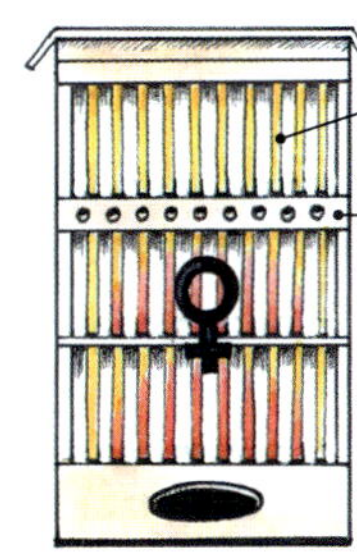

Schema mit zwei Bruträumen (geteilter Brutraum), ASG und einem Honigraum.

1

2

3

▶ Video 12:
Schwarmzellenableger

raum über das ASG. Sind die Futterkränze etwa zwei Fingerbreit über der Brutfläche, gehen die Bienen nur widerwillig in den aufgesetzten Honigraum. Großflächig angelegte Pollenwaben sind Mitauslöser eines frühen Schwarmtriebs.

KIPPKONTROLLE

Als große Errungenschaft dieses geteilten Brutraums wird die sogenannte Kippkontrolle zur Erkennung der Schwarmneigung angeführt. Jedes Bienenvolk hat früher oder später den Drang, sich zu vermehren, dafür teilt es sich. Ein größerer Teil des Bienenstaats macht sich mit der Königin auf und davon, es schwärmt ab. Selbstverständlich nehmen die Bienen nicht nur die Königin mit auf ihre ungewisse Reise, sondern auch eine ordentliche Portion Honig. Ein Volk, das abgeschwärmt ist, steht für die Honigernte nicht mehr zur Verfügung, es wird allenfalls wieder groß genug, um im Herbst Einwinterungsgröße zu erreichen. Die Schwarmverhinderung ist, nicht nur wegen des Ernteverlusts, ein wesentlicher Teil der konventionellen Imkerei, deshalb später in einem gesonderten Kapitel beschrieben. Die ersten sichtbaren Anzeichen der Schwarmstimmung ist verstärktes Bauen der sogenannten Spielnäpfchen. Runde, kugelförmige, nach unten ausgerichtete Zellen, die von der Königin mit befruchteten Eiern bestiftet werden. Sobald die Spielnäpfchen von der Königin bestiftet sind,

4

1. Kippkontrolle, um Schwarmzellen zu finden (gefährlicher Balanceakt, da die obere Zarge abstürzen kann).

2. Bestiftetes Spielnäpfchen, hier spricht man ab sofort von einer Schwarmzelle.

3. Schwarmzelle kurz vor der Verdeckelung

4. Wird eine Schwarmzelle übersehen, hängt der Schwarm im Baum.

spricht man von Schwarmzellen oder Weiselzellen. Die Schwarmkontrolle, also die Suche nach Weiselzellen, erfolgt durch Ankippen der oberen Brutraumzarge. Da die Bienen Spielnäpfchen oft an den unteren Rand der Waben anbringen, sind sie so gut zu sehen. Die Schwarmzellen finden sich aber auch am Wabenrand oder in der Mitte der Waben, was die Suche erschwert. Deshalb stellt die Kippkontrolle allein nur eine ungenügende Schwarmkontrolle dar.
Werden auf diese Weise Schwarmzellen entdeckt, müssen zwei Zargen mit 20 Rähmchen zum einen nach weiteren Zellen und zum anderen zur Schwarmverhinderung auch nach der Königin abgesucht werden.

Zeitlicher Aufwand

Der zeitliche Aufwand ist groß, vor allem wenn mehrere Völker auf Schwarmstimmung abgesucht werden müssen. Mit dieser Betriebsweise habe ich die Bienenhaltung begonnen, Alternativen in der Zanderimkerei standen nicht zur Option.

ARBEIT MIT NUR EINEM BRUTRAUM

Es gibt aber auch Imker in meinem Bekanntenkreis, die auf Großrähmchen imkern und mit nur einem Brutraum arbeiten. Also habe ich überlegt, ob das auch mit Zander möglich ist. In Diskussionen mit den Kollegen wurde das immer als unmöglich dargestellt. Ihre Theorie war, dass nicht ausreichend Platz für die Bienen zur Verfügung stehe und das Volk dadurch regelrecht in Schwarmstimmung gedrückt werde.
Damit wollte ich mich nicht zufriedengeben und habe begonnen, einige Völker auf nur einem Brutraum zu führen. Bereits im ersten Jahr habe ich die Vorteile dieser Betriebsweise schätzen gelernt. Zur Schwarmkontrolle müssen nur noch zehn Waben durchsucht werden, die Königin ist leichter zu finden, Futterkränze gibt es fast keine, der Honig wird nahezu komplett im Honigraum eingelagert, was schon zu einer Ertragssteigerung führt. Wichtig ist, bei der ersten Schleuderung ausreichend Reserven zu lassen.
Zusätzlich ermöglicht die einräumige Völkerführung eine Anpassung des Brutraums an die Brutmasse. Das hört sich erst mal unspektakulär an und ist auch schon in den 1920er-Jahren von Bruder Adam auf Großrähmchen praktiziert worden, aber vermutlich das erfolgreichste Rezept für eine moderne Imkerei, die auf starke, gesunde Völker, geringe Schwarmneigung und somit maximalen Honigertrag ausgelegt ist.

Nach dem Erweitern wird der Honigraum rasch von den Bienen ausgebaut und Nektar eingelagert.

Einräumig imkern auf Zander

Die Umstellung vom geteilten zum einräumigen Brutraum ist jederzeit möglich, jedoch bietet sich der Beginn des Bienenjahres an, wenn die Völker für den Winter eingefüttert werden.

Mit Verblühen der Sommerlinde ist die Tracht meistens vorbei, nur in manchen Jahren honigt es noch im Wald. Bereits jetzt beginnen die Vorbereitungen für den Winter. Mit der Entnahme des letzten Honigs kommt auch ein wichtiger großer Eingriff an den Völkern:

DIE TOTALE BRUTENTNAHME (TBE) UND WABENHYGIENE

Diese Maßnahme ist sehr effektiv zur Bekämpfung der Varroamilbe und dient außerdem der Wabenhygiene. In dieser Jahreszeit befinden sich 80 – 90 Prozent der Milben in der verdeckelten Brut.
Nach dem letzten Schleudern entnehme ich den Bienen sämtliches Wabenwerk, Brut, Pollen, einfach alles. Das hört sich brutal an, ist aber genau das, was die Bienen machen, wenn sie abschwärmen. Es kommt zu einer Brutpause, die sich wie ein Jungbrunnen auf die Völker auswirkt. Zunächst suche ich die Königin, käfige sie, damit sie nicht versehentlich mit den Brutwaben entnommen wird. Jetzt kann ich, ohne Gefahr, die Königin zu verlieren, sämtliche Waben weitgehend abfegen und die Bienen auf frische Waben in eine Zarge setzen. Bevorzugt sind hier ausgebaute, unbebrütete Waben, die bereits nach der letzten Honigernte sauber geschleckt wurden (Räubereigefahr). Sollten keine ausgebauten Waben zur Verfügung stehen, nehme ich Mittel-

wände, die bei der anschließenden Wintereinfütterung zügig ausgebaut werden (Bienen bauen nur bei Tracht oder Fütterung).

Brutscheunen

Sämtliche Brutwaben verteile ich in Brutscheunen, das heißt, ich bilde Völker mit bis zu drei Zargen voll mit Brut in allen Stadien.
Ganz unten ist ein Ableger mit einer „nulljährigen" Königin, also eine, die in diesem Jahr geboren ist. Die Königin sollte bereits fünf bis sechs Wochen in Eilage sein, sozusagen eine Vollreife mit abgeschlossener Entwicklung der Eierstöcke haben. Solche Königinnen sind bereits viel gelassener und laufen nicht mehr nervös im Volk umher wie eine frisch begattete. Meine Ableger bestehen zu dieser Zeit aus drei Waben, zwei Brut- und einer Futterwabe. Die Ablegerbrut und die junge Königin sitzt am Holz, also an der Zargenwand, daneben befindet sich das Futter. Jetzt kommt als Trennwabe eine Mittelwand und als Dach eine Lage Zeitungspapier. So abgeschirmt dauert die Vereinigung länger und ich verringere das Risiko, dass die junge Königin Panik bekommt und eingekneult wird. Das Flugloch ist auf „minimal" eingeengt, ca.10–20 mm, um Räuberei zu erschweren. Die von verschiedenen Völkern entnommenen Brutwaben hänge ich nun mit einigen ansitzenden Bienen daneben und darüber. Waben mit offener Brut möglichst zusammen, damit die Ammenbienen die Larven besser pflegen können. Sind Futterkränze vorhanden, verzichte ich aufs Füttern oder das Dazuhängen von Futterwaben. Es muss aber genug Futter in der Brutscheune sein, da sämtliche Flugbienen in ihre Völker zurückfliegen und erst mal nichts von draußen reinkommt. Flugwetter setze ich für so eine Großaktion voraus. Ziel ist es jetzt, möglichst viele Waben brut-, futter- und pollenfrei zu bekommen, um sie einzuschmelzen.

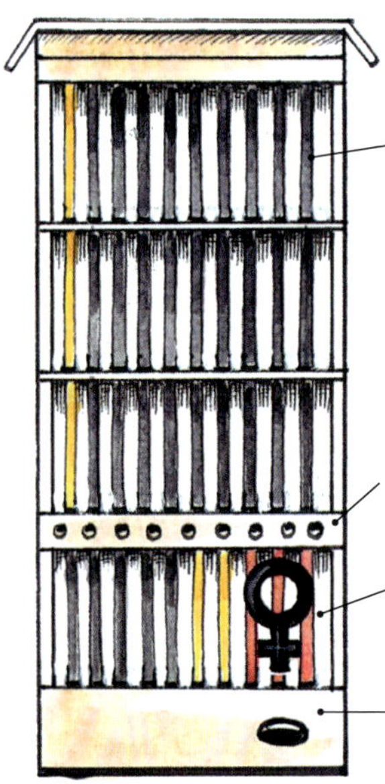

Schema einer Brutscheune.

AS-Behandlung gegen Varroa

Da in den Brutwaben der Großteil der Varroamilben in der verdeckelten Brut ist, wird sofort eine Behandlung mit AS im Verdunster oder mit Schwammtuch durchgeführt.
AS ist das einzige Mittel, das durch die verdeckelten Zellen wirkt. Vorsicht, es ist Hochsommer und wahrscheinlich zu warm für eine optimale AS-Behandlung, deshalb die AS vorher in den Tiefkühler bei –19 °C geben (AS gefriert nicht ein und verdunstet so gekühlt nicht schlagartig) und nur 20–30 ml einfüllen, nach zwei Tagen sollte alles verdunstet sein. Nach drei Wochen

1

2

3

4

1. Werdegang einer Bienenwabe: Zunächst wird eine Mittelwand bevorzugt im Honigraum eingesetzt.

2. Die Bienen bauen die Mittelwand zur Honigwabe aus, ...

3. ..., die später im Brutraum als Brutwabe weitere Verwendung findet.

4. Nach 2–3 Jahren im Brutraum werden die schwarzen Waben eingeschmolzen.

ist sämtliche gesammelte Brut geschlüpft, die leeren Waben werden zur Wabenhygiene entnommen und eingeschmolzen.
Danach überprüft man den Sammler auf Weiselrichtigkeit, um zu sehen, ob die Königin die Prozedur überstanden hat und noch oder wieder in Eilage ist. AS-Behandlungen können zu Unterbrechung der Eiablage führen. Die AS-Behandlung wiederholen und noch mal drei bis vier Wochen warten. Es ist jetzt von einer Varroadiagnose abhängig, ob eine weitere Behandlung notwendig ist. Die Wirtschaftsvölker sind bei der TBE auf eine Zarge zusammengestaucht, das Flugloch mit dem Keil auf „Winter" eingeengt worden. Sie haben alle Flugbienen, müssen keine Brut pflegen und können leicht einen Tag ohne Fütterung überstehen. Das dient der Gesundheit, da sämtliche Futterreste verbraucht und nur vom frischen Nektareintrag gezehrt wird.
Über das ASG kommt nach dem Abschleudern eine Zarge mit frischen, ausgebauten Waben oder Mittelwänden.

▶ **Video 13:** Brutentnahme und Wabenhygiene

WINTEREINFÜTTERUNG

Eingefüttert wird frühestens am selben Abend, spätestens am nächsten. Es ist nicht ratsam, die ausgeschleuderten, herrlich nach Honig duftenden Waben tagsüber einzuhängen oder zu füttern, denn es besteht größte Räubereigefahr! Bienen bevorzugen Flüssigfutter, schließlich haben sie einen Saugrüssel. Teig muss erst aufwendig verflüssigt werden, um ihn einzulagern. Mit dem Futter können das Volk und die Königin gleich in die Vollen gehen, wie bei einem Schwarm legt sie weit mehr als 2000 Eier am Tag. In wenigen Tagen sind drei bis vier Waben fast vollständig bestiftet, der Futterstoß ist schnell eingelagert. Ein Baurahmen über dem ASG wird zügig ausgebaut und sorgt für frisches Wachs im Wachskreislauf. Bevor die erste Brut verdeckelt ist (nach neun Tagen), muss mit einer kurzen AS-Behandlung (20–30 ml) begonnen werden. Dadurch werden die noch ansitzenden Milben abgetötet und das Volk kann nahezu milbenfrei mit dem Bebrüten der Winterbienen beginnen. Wenn jetzt auch noch nicht alle angepflegten Larven zu echten Winterbienen heranwachsen, so sind sie auf jeden Fall die Ammenbienen, die später die langlebigen Bienen füttern und pflegen. Bereits diese Ammen sollten möglichst ohne Belastung der Varroatose oder anderer Krankheiten zur Welt kommen.

Gründünger als Nahrung

Seit einigen Jahren wird von der Landwirtschaft intensive Gründüngung (Greening) betrieben. Ab Mitte Juli werden Senf, Ölrettich, Phacelia, Sonnenblumen, Buchweizen usw. gepflanzt, die den Honigbienen als Nahrungsquelle dienen. Es muss zu Beginn des Frühherbstes kontrolliert werden, ob nochmals ein Futterstoß nötig ist. Pro Völker sollten acht bis zehn volle Waben (Speckwaben mit je zwei kg) mit Futter im Volk oder in der Reserve sein.

Abschluss der Fütterung

Die Fütterung muss zum Anfang des Vollherbstes abgeschlossen sein, denn die Bienen nehmen danach kein Futter mehr ab. Werden die Völker auf einer Zarge eingewintert, sollten vier bis fünf Speckwaben im Volk sein und vier bis fünf in einer bienendichten Kiste in Reserve gelagert werden. Auch deshalb lasse ich die Königin noch nicht in die obere Zarge, um von Völkern, die das Futter besser abnehmen als andere, unbebrütete Futterwaben für die Reserve ernten zu können. Der Frühherbst ist auch die Zeit, in der ich entscheide, welche Völker eingewintert werden. Die Königin ist noch unter dem ASG in der unteren Zarge, das erleichtert jetzt die Auswahl bzw. die Suche nach den besten Königinnen. Die Dreierböden mit den Ablegern werden vereinigt, nur

Tipp

Ein Futterstoß mit 10–14 kg Futtersirup sorgt für ausreichende Versorgung bis in den Frühherbst.

▶ **Video 14:** August Wintereinfütterung

1

2

3

eine Königin verbleibt auf dem Boden, der einzargig eingewintert wird. Die übrigen Königinnen überwintern entweder im Mini-Plus oder gehen an Imkerkollegen. Schwächlinge werden mit starken Völkern vereinigt, nur stark eingewinterte Völker kommen auch stark aus dem Winter.

WINTERSITZ EINRICHTEN

Es sollten beim Einwintern wenigstens fünf Wabengassen besetzt sein, die Wintertraube wird sich bis zum Spätherbst auf vier Gassen zusammenziehen. Erst jetzt kommt das ASG raus, die Königin kann sich jetzt, bei zweizargiger Einwinterung, mit der Wintertraube frei bewegen.

1. Gründüngung mit Phacelia bringt Pollen und Nektar bis in den Spätherbst.

2. Nach der Schleuderung und TBE brauchen die Bienen einen kräftigen Futterstoß.

3. Der Bienenfreund (Phacelia) liefert blauen Pollen.

1

2

1. Einzargig oder zweizargig einwintern? Eine Material- und Logistikfrage.

2. Die Völker werden zentriert und geschiedet.

3. Die Schiede werden links und rechts ans „Holz" (Zargenwand) gesteckt.

4. Leere Futterwaben werden durch volle ersetzt. Nun kommen die Bienen gut durch den Winter.

▶ **Video 15:**
Wintersitz

Zweizargige Überwinterung

Die Entscheidung ob ein- oder zweizargig eingewintert wird, ist eine Frage der Logistik. Sind genügend Zargen und Rähmchen vorhanden, kann auf zwei Zargen überwintert werden. Die Wintertraube ist von drei Seiten von Futterwaben umgeben, vor allem von oben. Die Tendenz, sich nach oben zu bewegen, ist am größten, da die Wärme ebenfalls nach oben steigt. Dort ist auch das meiste Futter und man kann getrost die Futterkontrolle bis in den Vorfrühling schieben. Damit erschöpfen sich bereits die Vorteile der zweizargigen Einwinterung.

Einzargige Überwinterung

Bei einzargiger Einwinterung muss öfter eine Futterkontrolle durchgeführt werden, da die Bienen nur nach links oder rechts mit der Wintertraube wandern können und sich nicht über ausgefressene, leere Waben zurückbewegen. Einmal an der Zargenwand angekommen, gibt es keine erreichbare Futterwabe mehr und das Volk verhungert, obwohl sich auf der anderen Seite der Zarge noch Speckwaben befinden. Hier müssen volle Futterwaben an die Wintertraube gehängt werden, niemals in die Traube! Wird die Wintertraube auseinandergerissen, fallen Bienen nach unten, verklammen, erfrieren und die Traube ist durch eine kalte Futterwabe getrennt. Notfalls verschiebt man behutsam die Waben zur Zargenmitte und packt nochmals Futterwaben auf beide Seiten der Wintertraube.

3

4

THERMOSCHIEDE EINSETZEN

Spätestens im Vorfrühling kommt auch die Stunde der Thermoschiede. Bei starken Völkern sind meist nur fünf Wabengassen nötig: vier leere Brutwaben in der Mitte, links und rechts eine Futterwabe, lässt Platz für zwei Thermoschiede und weitere Futterwaben außerhalb der geschiedeten Bienenmasse. So eingepackt gehen die Bienen schon bei den ersten wärmeren Tagen hinter das Schied und tragen Futter um, ohne die Waben zu bebrüten. Wichtig ist, dass die Schiede auch im Rähmchenmaß sind und von den Bienen vorne, hinten und unten umlaufen werden können. Wird ohne Schiede gearbeitet und Futterwaben sind im Brutraum, die keinen direkten Kontakt zur Wintertraube

Einzargig oder zweizargig einwintern – eine Frage der Logistik.

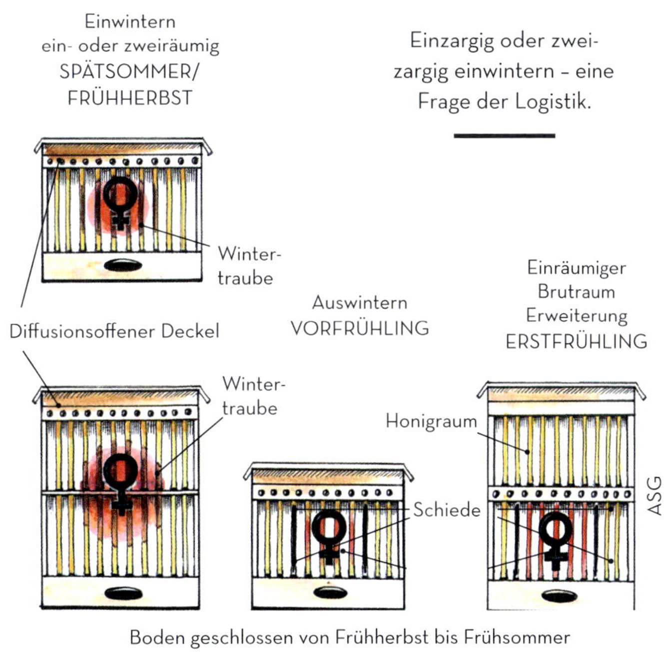

Die Wintertraube sitzt zwischen den mit „D“ beschrifteten ehemaligen Drohnenrähmchen, die zu Thermoschieden umgebaut wurden.

haben, wirken sie wie Kühlakkus. Eine schnelle Volksentwicklung ist so undenkbar. Zentrieren, schieden und die Futterkontrolle kann man auch in einem Arbeitsgang mit dem Oxalsäurebeträufeln zur Restentmilbung erledigen. Das ist bei einzargiger Einwinterung einfacher, denn es muss keine Zarge verstellt werden und die Traube wird nicht auseinandergerissen, falls bereits beide Zargen besiedelt sind. Durch die Deckelisolierung mit Propolisgitter und Pappe sind die Bienen jetzt optimal eingepackt, verbrauchen weniger Futter, müssen weniger verstoffwechseln und nicht so schnell abkoten.

FUTTERKONTROLLE IM WINTER

Völker, die im Winter einen höheren Futterverbrauch haben, können am besten mit ausgelagerten Waben nachgefüttert werden. Lieber zu viele Futterwaben auslagern, als im Frühjahr mit nichts mehr dazustehen und zu versuchen, Völker mit Teig nachzufüttern oder gar verhungern zu lassen. Durch Anheben der Beuten kann man das Gewicht abschätzen, um festzustellen, ob noch genug Futter im Volk ist, aber man sieht nicht, wo die Bienen sitzen. Auch im Winter gibt es Tage mit Temperaturen über 10 °C, an denen die Bienen ausfliegen. Dann kann man die Völker kurz öffnen, um volle Futterwaben an die Wintertraube zu schieben. Wichtig ist, die Traube nicht auseinanderzureißen, sondern die Futterwaben mit seitlichem Kontakt an die Wintertraube zu schieben. **Es ist noch kein Volk erfroren, aber schon viele verhungert.**

Steigender Futterbedarf

Im Vorfrühling steigt der Futterbedarf rapide an, da die Königinnen bereits mit dem Brutgeschäft begonnen haben.

Braucht ein Volk im Winter 250 g Futter pro Woche, so steigt im Vorfrühling der Bedarf auf bis zu 1 000 g an. Geht man davon aus, dass eine volle Zanderwabe 2 000 g fasst, kann mit einer Handfläche die Futtermenge abgeschätzt werden. vier Handbreit ergeben eine volle Wabe, eine Handbreit entspricht somit ca. 500 g, wenn beidseits der Wabe Futter ist. Notfütterungen müssen durch sorgfältige Vorausplanungen vermieden werden, Flüssigfutter wird noch nicht abgenommen und Teig kann nur bedingt von den Bienen verarbeitet werden, da sie dafür Wasser brauchen. Gaben von Flüssigfutter kann Sammelflüge auslösen, in Zeiten, in denen draußen nichts zu holen ist. Die Bienen verklammen und sind für das Volk verloren. Deshalb im Spätsommer nicht geizen, lieber zu viel einfüttern, als im Frühjahr mit leeren Händen dazustehen. Übrige Futterwaben finden bei Ablegern im Frühsommer dankbare Abnehmer. In den Wintermonaten sollte man keinesfalls die Beuten verstellen oder bewegen, denn sonst fallen Bienen aus der Traube, die Erschütterungen sorgen für Stress und die Bienen koten in den Stock. Die Folge ist ein Ausbruch der Ruhr, was im Winter zum sicheren Verlust des Volkes führt. Warten Sie ab, bis im Vorfrühling die ersten Reinigungsflüge erfolgt sind, die Bienen sind noch nicht voll eingeflogen und können innerhalb des normalen Flugkreises verstellt werden.

AUSWINTERN

Zu Beginn der Weidenblüte, der im deutschsprachigen Raum zeitlich durchaus um drei bis vier Wochen versetzt ist, wird das Volk vom zweiräumigen Wintersitz auf eine Zarge zusammengestaucht. Sind in beiden Zargen bereits Teile des Brutnestes, werden diese zentral positioniert in die untere Zarge gesteckt. Rähmchen mit den größten Nestern kommen mittig, die kleineren werden links und rechts verteilt. Ein Baurahmen wird direkt neben das Schied ans Brutnest gesteckt. Ich verwende dazu gedrahtete Rähmchen, auf das Drohnenschneiden verzichte ich weitestgehend (siehe Varroabekämpfungskonzept). Pollen- und Futterwaben kommen außerhalb der Schiede.

▶ **Video 16:**
Frühjahrsputz am Bienenstand

Die Weidenblüte markiert das Ende des Vorfrühlings und ist eine wichtige Zeigerpflanze in der Völkerführung.

1

2

3

1. In der Zeit der Weidenblüte können die Völker bei Flugbetrieb geöffnet ...

2. ... und auf einen Brutraum gesetzt werden.

3. Gleichzeitig entferne ich den Totenfall vom Winter.

Ab jetzt ist das Brutnest tabu, wird nicht mehr durch Vertauschen oder Verdrehen der Rähmchen gestört.

Es sollten mindestens vier kg Futter zu jeder Zeit im Volk sein, das entspricht zwei vollen Zanderwaben. Da nun alle Bienen einschließlich der Königin in einer Zarge untergebracht sind, wird spätestens zur Kirschblüte das ASG aufgelegt und mit einem Honigraum erweitert. Wird es den Bienen im Brutraum zu eng, können sie nun, der Wärme folgend, nach oben in den Honigraum ausweichen.

Honigraum

Ist bei größer werdenden Brutnestern kein Platz mehr im Brutraum, kommen die Futterwaben in den Honigraum rechts und links an die Zargenwand. Bei einsetzender Tracht lagern die Bienen den Nektar über dem Brutnest von der Mitte nach außen ein und dicken diesen nach und nach ein. Die Futterwaben gehen in die Reserve und es werden immer zwei Honigwaben im Honigraum belassen. Damit schließe ich Trachtlücken nach dem Schleudern und meine Bienen sind jederzeit gut mit Futter versorgt.

Der Honigraum wird ausschließlich mit unberüteten Waben oder, falls keine ausgebauten Waben zur Verfügung stehen, mit Mittelwänden bestückt. Mittelwandgaben sollten sich auf den Honigraum beschränken. Dort werden sie im Bedarfsfall, bei einsetzender Tracht, umgehend ausgebaut. Im Brutraum halten Mittelwände die Königin nur unnötig von wichtigen Nesterweiterungen ab.
Mit der Kirschblüte erwacht der Schwarmtrieb und es sind nun regelmäßige Kontrollen notwendig. Da ich nicht möchte, dass meine Bienen schwärmen und ich sie wieder einfangen muss, wende ich konsequente Schwarmverhinderungsmaßnahmen an.

Schwarmlust erkennen

Durch Beobachtungen am Flugloch lassen sich erste Anzeichen der Schwarmlust erkennen. Solange die Bienen rege ein- und ausfliegen und Pollen eintragen, ist alles im Lot. Lässt der Flugbetrieb spürbar nach oder lagern die Bienen in einem Bienenbart vor, sollten gründliche Schwarmkontrollen erfolgen.

Maßnahmen zur Schwarmverhinderung

Beim ersten eindeutigen Anzeichen von Schwarmlust müssen Maßnahmen zur Schwarmverhinderung eingeleitet werden. Entweder mache ich einen Zwischenbodenableger, bei dem die Flugbienen von der Königin und der Brut vorübergehend getrennt und später wiedervereinigt werden. Hier kann der Schwarmtrieb allerdings wieder aufflammen.
Ganz sicher ist eine Schwarmvorwegnahme, wobei einmal die Königin mit einer Brutwabe entnommen und ein Königinnenableger gebildet wird, oder es wird eine Totale Brutentnahme durchgeführt, wobei die Königin nur mit den Flugbienen zurückbleibt. Bei beiden Methoden erreiche ich sofortiges Erlöschen des Schwarmtriebes, da ich so das Schwärmen simuliere (siehe Schwarmverhinderung und Völkervermehrung Seite 71).

Ein Bienenbart kann ein Zeichen für aufkommende Schwarmlust sein.

Mit der Kirschblüte beginnt die Schwarmlust und es ist Zeit für die Erweiterung mit dem Honigraum.

ANPASSEN DES BRUTRAUMES

Der Brutraum wird mit Schieden der Brutmasse angepasst. Durch diese Einschränkung des Brutraumes ist eine optimale Pflege der jüngsten Brut durch die Ammenbienen gewährleistet. Das Schieden sorgt auch für eine Konzentration der von der Königin abgegebenen Pheromone und stärkt so den Zusammenhalt im Volk und unterdrückt damit den Schwarmtrieb.
Ohne die Schiede kommt es bei Witterungsumschwüngen vor, dass die Bienen die Randbereiche des Nests vernachlässigen oder über Nacht frisch gelegte Eier wieder ausräumen. Sind die Waben zum Großteil (ca. 80–90 Prozent) bestiftet und die Larven angepflegt, wird das Brutnest durch Verschieben der Schiede vergrößert. Es wird immer eine Futterwabe von außen umgehängt. Diese wurde von den Bienen bereits beim Umtragen des Futters besucht, hat geputzte Zellen und wird sofort von der Königin angenommen.

Das sollte aber mit Bedacht geschehen, denn es ist besser, die Königin im Legegeschäft etwas einzubremsen, als Waben zu produzieren, die nur zu einem Drittel bestiftet und mit Pollen verbaut werden, was wiederum zur Schwarmneigung beiträgt. Wird die Königin in der Eilage etwas gebremst, führt das zu einer Qualitätsverbesserung des Geleges, da die Eier in den Eierstöcken mehr Zeit zum Reifen bekommen. Fängt die Königin an, hinter die Schiede zu legen, ist es spätestens jetzt an der Zeit, den Brutraum um eine möglichst leere Futterwabe zu erweitern.

HONIGRAUM AUFSETZEN

Fängt es an zu honigen, wird der Nektar oberhalb des Brutnests eingelagert. Anfangs wird noch ein halbrunder Bereich von den Bienen freigehalten, um der Königin Zellen zur Eiablage anzubieten, doch sobald die Tracht einsetzt, wird auch dort Honig eingelagert. Ist der Honig eingedickt und

die Bienen beginnen, die Zellen mit frischem Bienenwachs zu verdeckeln, sollte der zweite Honigraum aufgesetzt werden. Sehr wahrscheinlich sind zu diesem Zeitpunkt die Randwaben im ersten Honigraum noch leer oder die Mittelwände noch nicht einmal angeblasen (Baubeginn der Zellen). Die Bienen tendieren dazu, nach oben zu bauen bzw. einzulagern, also der Wärme folgend, bevor sie in die Breite gehen. Mit größer (breiter) werdendem Brutnest werden auch die Randwaben im Honigraum ausgebaut. Wenn der Honig im ersten Honigraum weitestgehend verdeckelt ist und die Bienen bereits begonnen haben, im zweiten Honigraum einzulagern, werden die Positionen der Honigräume getauscht und es kann ab jetzt mit den Vorbereitungen zum Schleudern begonnen werden (Schleuderraum, Schleuder und Entdeckelungsgeschirr putzen).
Im nun oberen Honigraum sind mit wachsender Anzahl an verdeckelten Zellen immer weniger Bienen. Auf eine Bienenflucht verzichte ich, da es eine zusätzliche Anfahrt zum Stand bzw. Abheben des Honigraums bedeutet. Waben, die wenigstens zu zwei Dritteln verdeckelt sind, werden zum Schleudern entnommen.

1

2

3

1. Mit einsetzender Tracht brauchen die Bienen Platz, um den Nektar einzulagern.

2. Das ASG kommt auf den Brutraum und der Honigraum wird mit Mittelwänden bestückt.

3. Immer alle Positionen in der Zarge bestücken, sonst kommt es zu Wildbau.

HONIGERNTE

Die Honigernte sollte frühmorgens stattfinden, bevor die Bienen zu Sammelflügen aufbrechen. Denn der frische Nektar wird erst mal in die Zellen eingelagert, egal ob sich darin bereits eingedickter Nektar befindet. Das verwässert die Ernte im wahrsten Sinne des Wortes. Erst nach Ende des Flugbetriebs kümmern sich die Bienen um das vollständige Eindicken.

Bienen abfegen

Bei der Ernte müssen die Bienen von den Honigwaben abgefegt werden. Damit ich jede Biene nur einmal abkehre, brauche ich zwei leere Zargen. Auf eine stelle ich den Honigraum hinter die Beute. Die zweite kommt anstelle des Honigraums auf die Beute. Zunächst entnehme ich die Randwaben, die höchstwahrscheinlich noch unreifen Honig enthalten, mitsamt ansitzenden Bienen und positioniere sie wie zuvor im Honigraum. Jetzt suche ich die verdeckelten Waben heraus, fege die Bienen in den durch die nun fast leere Zarge entstandenen Trichter. Dabei stütze ich die Honigwabe mit einem Ohr an der vorderen Auflageschiene ab, denn so eine volle Wabe wiegt bis zu 2,5 – 3 kg, das entwickelt sich mit der Zeit zum Kraftakt. Den verstellten Honigraum decke ich mit der Folie ab, um der Räubereigefahr vorzubeugen.

Auf verdeckelten Honigwaben sind kaum noch Bienen zu finden.

Vorsicht!

Honigfeuchte Waben duften ungemein und sollten erst nach Beendigung des Flugbetriebs zurückgesteckt werden. Es besteht erhöhte Räubereigefahr.

Die Bienen gehen sofort nach unten ins Volk, fliegen nicht mehr umher, wie es der Fall wäre, wenn sie nur auf die Oberträger gefegt würden. Hier muss zügig gearbeitet werden, die Honigwaben sollten sofort in eine bienendichte Kiste zum Abtransport gesteckt werden oder in eine Leerzarge, die gleich ins Auto gestellt wird. Räubereigefahr!
Die Waben mit dem unreifen Honig schiebe ich mittig in den neuen Honigraum. Es muss genügend Honig im Volk verbleiben (ca. vier kg Futter sollten jederzeit vorhanden sein), um Trachtlücken zu überbrücken. Die ausgeschleuderten Waben werden am Abend in den oberen Honigraum an den Rand zurückgesteckt.

RÄUBEREIEN VORBEUGEN

- keine Waben mit Futter oder Honig offen stehen lassen oder zum Sauberlecken im Freien anbieten.
- Bei der Honigernte zügig arbeiten und Honigräume nicht offen stehen lassen.
- Beim Schleudern in Standnähe den Schleuderraum bienendicht machen.
- Einfüttern am besten nach dem Flugbetrieb am Abend.
- Vor dem Füttern das Flugloch verkleinern.
- Futterkleckereien sofort wegwischen.
- Alle Völker am Stand mit Futter versorgen.

RÄUBEREI

„Einer Räuberei geht eine Eselei des Imkers voraus“ besagt ein altes Sprichwort.
Aber was ist eigentlich Räuberei? Während des Flugbetriebs sind ständig Bienen und auch Wespen auf der Suche nach Futterquellen. Lässt man Waben mit Futter offen herumstehen oder ist beim Einfüttern unvorsichtig und kleckert, sind sofort Sucherinnen zur Stelle, die diese neue Futterquelle entdecken und zu Hause Meldung machen. Im Nu ist eine solche Wabe mit unzähligen Bienen besetzt und wird ausgeschleckt. Das ist aber nur der Anfang einer Räuberei. Es sind nun aus allen möglichen Völkern und Ständen Sucherinnen anwesend, die die Umgebung weiter absuchen, auch wenn die Wabe längst wieder verschlossen ist. Jetzt fallen sie in schwache Völker ein und räumen diese leer. Das führt so weit, dass nicht nur Futter gestohlen, sondern die Brut gleich mit aus den Zellen gerissen wird. Ist eine Räuberei erst mal in Gang gesetzt, kann es Tage dauern, bis es wieder aufhört, wenn überhaupt. Meist hilft nur noch, das geräuberte Volk oder gar den Stand komplett umzusiedeln, um die Räuberei zu stoppen.

▶ **Video 17:** Honig schleudern

HONIG SCHLEUDERN

1. Waben entdeckeln
Mit der Entdeckelungsgabel werden die mit frischem Wachs verschlossenen Zellen vor dem Schleudern geöffnet.

2. Dickwaben
Dickwaben können durch zu große Abstände der Rähmchen entstehen.

3. Entdeckelungsmesser
Mit dem Entdeckelungsmesser bringe ich Dickwaben wieder in Form.

4. Handschleuder
Für Imkereien mit bis zu zehn Völkern reicht eine Handschleuder aus.

5. Geschleuderter Honig
Nach dem Schleudern fülle ich den Honig zunächst ungesiebt in Eimer ab.

6. Honig sieben
Der Honig wird im Auftaugerät durch ein Feinsieb von Wachsresten gereinigt.

7. Gesiebter Honig
Den gesiebten Honig fülle ich in Eimer zur Einlagerung. Soll der Honig ins Glas abgefüllt werden, muss er zunächst mehrere Tage ruhen, bis Luftbläschen und Honigschaum aufgestiegen sind.

SCHWARM-
LUST

Hat der Imker eine Schwarmzelle übersehen, hängen seine Bienen im Baum.

Schwarmverhinderung

Das Bienenvolk, oder der Bien, hat einen ausgeprägten Drang, sich zu vermehren. Im Erstfrühling, mit länger werdenden Tagen und größerem Nahrungsangebot, erwacht der Schwarmtrieb.

Zunächst wird von den Bienen der Drohnenbau errichtet. Ist kein Baurahmen vorhanden, werden in den Ecken der Waben Arbeiterzellen zu Drohnenzellen umgebaut. Die Königin legt unbefruchtete Eier hinein, aus denen sich die Drohnen entwickeln.

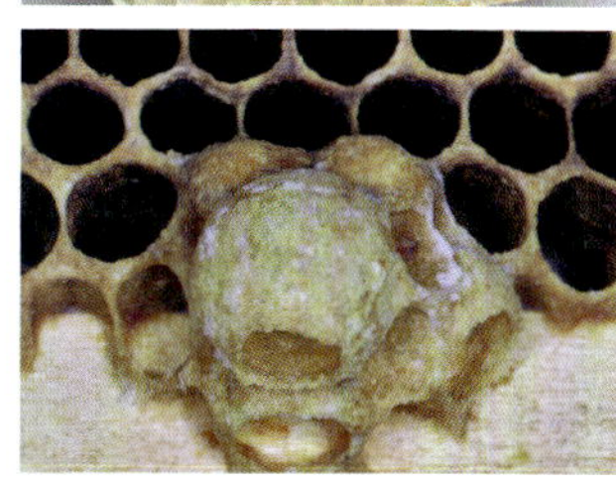

Oben: Drohnenbau am Wabenrand.

Unten: Spielnäpfchen sind nach unten gerichtete kugelförmige Zellen.

SPIELNÄPFCHENBAU

Die ersten Spielnäpfchen tauchen auf, Zellen, die nach unten geöffnet sind. In diese legt die Königin befruchtete Eier, die sich nicht vom Gelege der Arbeiterinnen unterscheiden. Allein die Fütterung der Larven entscheidet, ob sich eine Königin entwickelt. Zukünftige Königinnen werden ausschließlich mit Futtersaft, dem sogenannten Gelee royale, gefüttert. Dadurch werden die Eierstöcke ausgebildet, der Hinterleib länger und die Beine bilden keine Putz- und Sammelwerkzeuge aus. Das Futter bewirkt auch eine schnellere Entwicklung als bei den Arbeiterinnen.

LARVENENTWICKLUNG

Das Eistadium dauert wie bei allen Bienenwesen drei Tage, die Königinnenlarven werden bereits nach fünf Tagen verdeckelt. Bei Arbeiterinnen und Drohnen dauert das sechs Tage. Schon nach weiteren acht Tagen schlüpft die Prinzessin. Bei Arbeiterinnen sind es zwölf Tage und bei Drohnen sogar 15 Tage bis

1

2

▶ **Video 18:**
Bienen schwärmen aus

▶ **Video 19:**
Wildes Bienenvolk im Astloch

zum Schlupf. Die Brutzyklen von Königin und Arbeiterin müssen dem Imker geläufig sein, will er seine Völker gezielt vermehren. Der Spruch „3–5–8, die Königin ist gemacht" beschreibt den Brutzyklus der Königinnen (Abschnitt „1 × 1 der Imkerei"). Kommt das Volk in Schwarmstimmung, werden mehrere Spielnäpfchen bestiftet. Sobald die Larve geschlüpft ist, füllen die Ammenbienen die Näpfchen bis zum Rand mit Futtersaft und ziehen die Zelle kegelförmig nach unten aus. Die Larve schwimmt förmlich im Gelee royale. Wenn die erste Zelle verdeckelt und das Wetter gut ist, dauert es nicht lang und der erste Schwarm hängt im Baum.

AUSSCHWÄRMEN

Die Bienen haben schon Tage zuvor Wachs geschwitzt, das sie als Vorrat an der Bauchunterseite transportieren. Die Honigmägen sind prall gefüllt. Zunächst sammeln sie sich in der nächsten Umgebung und die Sucherinnen beginnen, einen neuen Nistplatz zu suchen. Nach einigen Stunden, manchmal auch nach Tagen wird der Schwarm abfliegen und in die neue Behausung einziehen. Schlüpft die erste Prinzessin, geht der

3

4

nächste Schwarm ab. Das kann sich mehrmals wiederholen, bis nur noch eine Handvoll Bienen im Volk übrig bleibt, gerade genug, um bis zum Spätsommer wieder kräftig in den Winter zu gehen. Honig ist von so einem Volk nicht mehr zu erwarten.
Leider ist heutzutage die Überlebenschance der Schwärme gering, ohne Varroabekämpfung kommen die wenigsten durch den ersten Winter, spätestens im zweiten Jahr ist der Varroadruck zu groß und die Völker gehen zugrunde.

SCHWARMKONTROLLE

Die Schwarmverhinderung gehört deshalb zu den Eckpfeilern der konventionellen Betriebsweise. Die beste Maßnahme zur Schwarmverhinderung besteht darin, einjährige Königinnen in den Wirtschaftsvölkern zu halten, denn bei ihnen ist die Schwarmneigung am geringsten. Trotzdem komme ich auch da nicht um die Schwarmkontrollen herum. Alle sieben Tage werden die Völker auf Schwarmlust untersucht. Alle sieben Tage, weil es sein könnte, dass gleich nach der letzten Kontrolle Weiselzellen angelegt wurden, die nach acht Tagen verdeckelt sind. Bei der Kontrolle gehe ich wie folgt vor: Zunächst einmal beobachte ich das Geschehen am Flugloch Wenn dort reger Flugbetrieb herrscht, die Bienen Pollen eintragen, ist die Wahrscheinlichkeit gering, dass das Volk in Schwarmstimmung ist.
Bei verhaltenem Flugbetrieb gehe ich folgendermaßen vor: Erst verstelle ich den Honigraum auf die vorbereitete Leerzarge hinter die Beute, die Folie oder das Propolisgitter bleibt als Abdeckung darauf, um Räuberei zu verhindern. Es ist nur noch der Brutraum auf dem Boden. Eine kurze Kippkontrolle zeigt den Zustand der Spielnäpfchen an. Achtung, im unteren Brutraum nagen die Bienen den unteren und seitlichen Wabenrand ab, sodass die Spielnäpfchen bzw. die Schwarmzellen nur bei einer entnommenen Wabe zu erkennen sind.

1. Spielnäpfchen und Schwarmzellen von unten bei einem schwarmlustigen Volk.

2. Versteckte, offene Schwarmzelle, die bei einer Kippkontrolle nicht zu sehen ist.

3. Schlupfreife Schwarmzelle, gut versteckt in der Rahmenecke

4. Königin schlüpft bei der Kontrolle, sie hat nur den Moment abgewartet, bis die „alte“ nicht mehr anwesend ist.

1

2

Wabengasse freimachen

Im Zweifel mache ich eine Wabengasse frei, indem ich das erste Rähmchen so nah wie möglich an die Zargenwand schiebe, ohne die Bienen zu drücken. Dann schiebe ich das dritte Rähmchen nah ans vierte. Das zweite Rähmchen kann so leicht herausgezogen werden, ohne die Bienen über die Wabe zu rollen. Das mögen sie gar nicht, beim nächsten Öffnen sind sie mir bestimmt nicht mehr wohlgesonnen. Das zweite Rähmchen wird kurz untersucht: Brut? Königin? Spielnäpfchen? Nein, dann hänge ich die Wabe an die Außenseite an den Wabenhalter. Jetzt ist eine große Gasse entstanden und ich kann ein Rähmchen nach dem anderen anschauen und das Volk beurteilen.

Gefundene Spielnäpfchen lasse ich stehen, da die Bienen sowieso neue anlegen und diese beim nächsten Mal besser verstecken. Erstes Anzeichen bestifteter, angepflegter Spielnäpfchen sind ausgefranste, ausgezogene Ränder, an den sonst glatten, kugeligen Gebilden.

Königin käfigen

Sobald diese bestiftet sind, fangen die Bienen mit dem Umbau zur Weiselzelle an. Bevor ich diese Zellen breche, suche ich zuerst die Königin. Dabei verschaffe ich mir schon einen Überblick, wie viele Weiselzellen bereits angepflegt sind.

Ist die Königin gesichtet, wird sie sogleich gekäfigt. Ungeübte können dafür einen Klippkäfig verwenden, ich fange die Königin vorsichtig mit Daumen und Zeigefinger und stecke sie behutsam in den Käfig. Den lege ich, bis ich mit der Durchsicht fertig bin, auf die Oberträger. Das Einfangen kann man erst mal mit Drohnen üben.

▶ Video 20:
Wie finde ich meine Königin?

▶ Video 12: Schwarmzellen-ableger

1. Zuerst bilde ich eine Wabengasse. So können die Rähmchen leicht herausgenommen werden.

2. Bestiftete Spielnäpfchen sind ab sofort Weiselzellen.

3. Ist die Königin gesichtet, wird sie gleich gekäfigt.

Weiselzellen ausbrechen

Jetzt, da die Königin gesichtet und gekäfigt ist, habe ich erst mal die Gewissheit, dass noch kein Schwarm abgegangen ist. Nun kann man durch Ausbrechen sämtlicher Weiselzellen versuchen, den Schwarmtrieb zu unterdrücken. Wird auch nur eine Zelle übersehen, war die Arbeit umsonst und der Schwarm hängt bald im Baum. Bei starken Völkern sind die Zellen oft schwer zu erkennen, hier empfiehlt sich ein teilweises oder komplettes Abfegen der Bienen – ein weiterer Grund, die Königin zu käfigen, um ihr dabei keinen Schaden zuzufügen. Sind alle Zellen gebrochen, werden die Waben in der gleichen Reihenfolge, ohne sie zu verdrehen, auf ihre vorherigen Positionen zurückgeschoben, die Königin wieder freigelassen und das Volk sieben Tage später erneut kontrolliert. Eine weitere Methode zur Schwarmverhinderung ist der Zwischenbodenableger.

ZWISCHENBODENABLEGER

Werden bei der Schwarmkontrolle Weiselzellen entdeckt, ist der erste Schritt wie bei allen anderen Methoden: die Königin suchen und käfigen. Hinter dem Boden werden nun der Honigraum und der Brutraum getrennt auf Leerzargen gestellt. Der Honigraum wird nach unten auf den Boden gestellt und bekommt unten (falls zwei Honigräume da sind) mittig eine Wabe mit offener Brut ohne Weiselzellen und möglichst vielen ansitzenden Bienen. Im Brutraum müssen alle Weiselzellen ausgebrochen werden.

3

Mit dem Zwischenboden-ableger die Schwarmlust eindämmen.

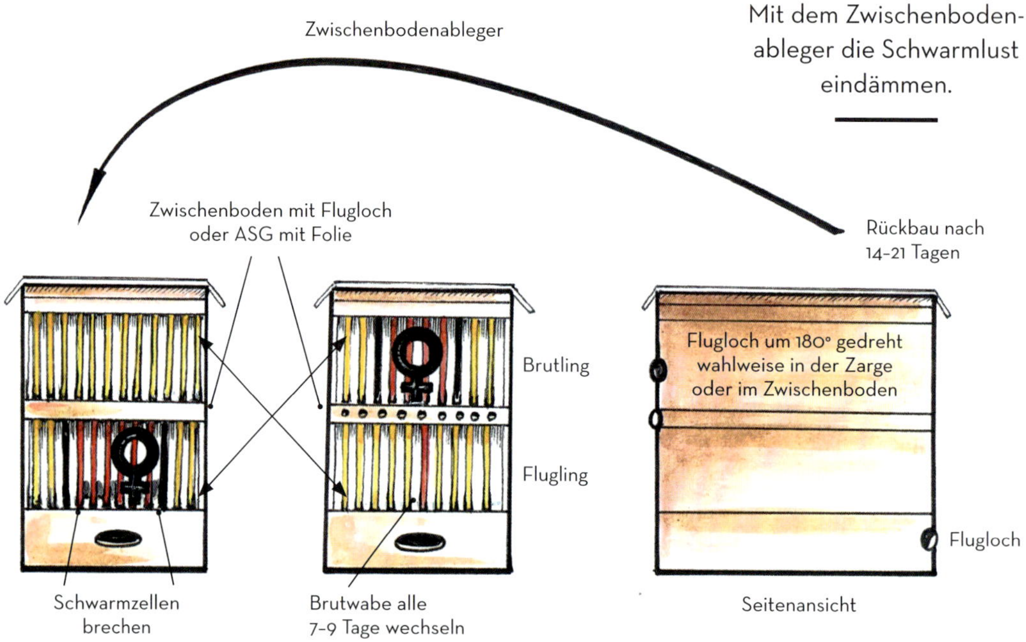

Auf den Honigraum kommt der Zwischenboden, ein Rahmen mit Bodenplatte und Flugloch. Hat man keinen Zwischenboden, geht auch das ASG mit einer Folie als Auflage. Darauf kommt der Brutraum mit der Königin, versehen mit einem Flugloch (acht-mm-Loch in den unteren Bereich der Zarge bohren, später mit Schaumstoff verschließen). Das Flugloch wird um 180° verdreht, zeigt also nach hinten. Sämtliche Flugbienen fliegen zurück zu dem Bodenflugloch, darauf sind sie eingeflogen. Es entsteht ein sogenannter Flugling. Der Brutraum wird so zum Brutling und verliert alle Flugbienen, die Königin geht wieder in Eilage. Nicht vergessen: Sorgen Sie für ausreichend Futter im Brutling, selbst bei Tracht kommt erst mal nicht viel rein, da die Flugbienen alle unten sind. Nach sieben bis neun Tagen wird die Brutwabe im Flugling auf Nachschaffungszellen kontrolliert und diese ausgebrochen. Aus dem Brutling kommt eine weitere Wabe mit offener Brut in den Flugling. Nach weiteren sieben bis neun Tagen werden die Nachschaffungszellen erneut ausgebrochen, die Schwarmlust ist in der Regel erloschen. Bei manchen Völkern muss ein drittes Mal eine Brutwabe in den Flugling

▶ **Video 22:** Zwischenboden-ableger (ZBA)

▶ **Video 23:** Wabentausch (beim ZBA)

▶ **Video 24:** Rückbau (des ZBA)

▶ **Video 25:** Königinnenableger

▶ **Video 26:** Königinnen zeichnen

gesteckt werden, die Anzahl der Nachschaffungszellen ist hier ein guter Gradmesser. Wie im Video gezeigt, war dieses Volk besonders schwarmlustig, mit über 30 Nachschaffungszellen auf der ersten Brutwabe.
Das Volk wird nach ca. drei Wochen in die ursprüngliche Anordnung zurückgebaut und das zusätzliche Flugloch verschlossen. Die Schwarmkontrolle sollte alle sieben Tage beibehalten werden.

KÖNIGINNENABLEGER

Da ich keine Zeit aufbringen möchte, bis zum Ende der Saison immer wieder die Weiselzellen zu brechen und zu hoffen, dass die Schwarmlust dadurch von selbst weggeht, habe ich noch zwei sichere Methoden, um die Schwarmlust zu beenden. Die erste ist der Königinnenableger.
Die Königin wird mit einer Brutwabe mit ansitzenden Bienen, einer Mittelwand und einer Futterwabe (in dieser Reihenfolge) in ein Abteil eines Dreierbodens gesteckt. Mit dieser „Schwarmvorwegnahme" wird das Schwärmen simuliert. Das mache ich am selben Stand. Die Flugbienen kehren sofort ins Volk zurück, die Königin bleibt mit flugunfähigen Stockbienen zurück und wird das Brutgeschäft zwangsläufig wieder aufnehmen. Im Volk breche ich alle Weiselzellen, bis auf eine, die am besten entwickelt ist. Dafür fege ich vorsichtig die Bienen von den Waben. Nicht abstoßen! Die Weiselzellen sind sehr empfindlich, die Larven fallen leicht nach unten auf den Zelldeckel und verhungern. Eine soll ja ausschlüpfen und das Volk regieren.
Drei Wochen später wird das Volk auf Weiselrichtigkeit geprüft: Ist eine Königin im Volk? Entdecke ich ein frisches Nest, ist die junge Königin nicht weit, sie wird gesucht und gleich gezeichnet. Die Schwarmlust ist erloschen, dieses Volk hat eine neue Königin und muss nicht mehr kontrolliert werden.

1. Diese Brutwabe hatte über 30 Nachschaffungszellen, die Schwarmlust war sehr ausgeprägt.

2. Gezeichnete Königinnen können leichter entdeckt und eindeutig identifiziert werden.

1

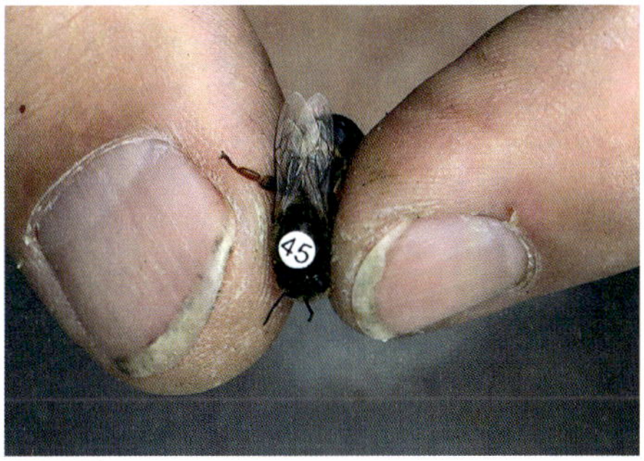

2

Werden in Arbeiterzellen unbefruchtete Eier gelegt, entsteht dieses Buckelbrutbild. Die größeren Larven der Drohnen haben in den kleinen Zellen nicht genug Platz.

▶ **Video 27:**
Buckelbrut was nun?

▶ **Video 28:**
Schwarmverhinderung mit TBE

▶ **Video 29:**
Erfolgreiche Schwarmverhinderung

Was schiefgehen kann

Findet sich keine jüngste Brut, ist die Königin noch nicht in Eilage, besteht jedoch die Gefahr, dass die junge Prinzessin nicht geschlüpft ist, nicht vom Begattungsflug zurückgekommen ist oder Ähnliches.
Bei Drohnenbrütigkeit kann man eine Wabe, auf der sich eine Nachschaffungszelle befindet, einer verdeckelten Königinnenzelle oder durch Zusetzen einer frisch geschlüpften Königin versuchen, das Volk zu retten. Ich habe schon mehrfach vergeblich versucht, begattete Königinnen zuzusetzen, sie wurden nur bei keinem Versuch angenommen.
Um der drohenden Drohnenbrütigkeit vorzubeugen und um zu sehen, ob die junge Königin vielleicht nur noch nicht in Eilage ist, mache ich eine Weiselprobe.

WEISELPROBE

Dafür entnehme ich dem Königinnenableger eine Brutwabe mit offener Brut und hänge diese ins ursprüngliche Volk. Die Bienen fege ich vorher ab, um den Ableger nicht zu sehr zu schwächen. Nach vier Tagen untersuche ich die Wabe auf Nachschaffungszellen. Sind welche angepflegt, werden diese ausgebrochen und die alte Königin kommt zurück ins Volk. Sie kann einfach auf einer Wabe mit ansitzenden Bienen an den Rand des Nestes gesteckt werden. Am besten getrennt mit einer Futterwabe, um die

Wiedervereinigung zu verlangsamen. Den Ableger fege ich zurück ins Volk, das Ableger-Flugloch wird verschlossen, die Flugbienen betteln sich in ein anderes Volk ein. Die Schwarmlust ist mit großer Wahrscheinlichkeit erloschen, dennoch wird das Volk wieder in die Kontrollen einbezogen.

SCHWARMVERHINDERUNG MIT BRUTENTNAHME

Sämtliche Brut wird auf Dreierböden am selben Stand verteilt. Jeder Ableger bekommt zwei Brutwaben mit einer Weiselzelle, allen ansitzenden Bienen und einer Futterwabe. Weiselzellen werden, jeweils bis auf eine, gebrochen.
Die Königin bleibt mit den Flugbienen zurück im alten Volk. Da jetzt Brut- und Weiselzellen weg sind, erlischt die Schwarmlust und das Volk wird sich zunächst ausschließlich auf die Futtersuche konzentrieren. Es wird keinen Verlust beim Honigertrag geben, im Gegenteil, da es keine Brut gibt, die gepflegt werden muss, kommt es zu einer Erhöhung des Nektareintrags bzw. des Honigs.
Die Ableger mit den Weiselzellen werden, wie das Hauptvolk beim Königinnenableger, nach drei Wochen auf Weiselrichtigkeit kontrolliert und wenn alles glattgelaufen ist, werden die neuen Königinnen gezeichnet. Später können hier verdeckelte Brutwaben, ohne ansitzende Bienen, entnommen werden, um das „Muttervolk“ zu verstärken und so wiederum den Ertrag bei der nächsten Tracht zu steigern.

1. Eine effektive Methode, um die Schwarmlust sofort zu beenden bei gleichzeitiger Völkervermehrung: die Entnahme sämtlicher Brut und Verteilung auf Dreierböden.

2. Die Königin bleibt auf dem alten Standplatz mit den Bienen zurück, ohne Brut oder Schwarmzellen. Das kommt einem Schwärmen gleich.

1

2

Völkervermehrung

Eine moderne Imkerei lebt von vitalen Völkern. Die Vitalität hängt vor allem von der Königin ab. Sie sollte in einem Wirtschaftsvolk nicht älter als zwei Jahre sein, sonst ist keine große Leistung zu erwarten und die Schwarmneigung ist hoch.

Für jedes Wirtschaftsvolk sollte ein Ableger gebildet werden. Durch Beobachten und Notieren werden Völker bzw. Königinnen mit besten Eigenschaften über die ganze Saison ausgewählt. Die Kriterien sind Krankheitsresistenz, Sanftmütigkeit, Wabenstetigkeit, Schwarmträgheit und Honigleistung. Ist man Anfänger und noch nicht in der Lage, nach Krankheitsresistenz zu selektieren, sind „brave" Bienen die erste Wahl. Wer will schon gleich beim Aussteigen aus dem Auto von seinen Lieblingen begrüßt werden?
Neben der Schwarmzellenverwertung gibt es verschiedene Möglichkeiten, gezielt Völker zu vermehren. Die einfachste Methode ist die Ablegerbildung durch Brutwabenableger.

ABLEGERBILDUNG DURCH BRUTWABENABLEGER

Eine Brutwabe aus dem ausgewählten besten Volk, ohne Königin, mit Brut in allen Stadien, das heißt, frisch gelegten Eiern und günstigstenfalls auslaufender (schlüpfender) Brut, wird mit einer Mittelwand und einer Futterwabe, in dieser Reihenfolge, in einen Ablegerkasten oder ein Abteil eines Dreierbodens gesteckt. Fertig. Gibt es die Möglichkeit, den Ableger aus dem Flugkreis um zwei bis drei km zu verstellen, bleiben die Flugbienen beim frisch gebildeten Volk, was die bessere Variante darstellt. Lässt man den Ableger am Stand (eine durchaus gängige Praxis), fliegen die Flugbienen zurück ins Muttervolk und der Ableger entwickelt sich etwas langsamer.

▶ **Video 30:** Brutableger im Mini Plus

BRUTABLEGER IM MINI PLUS

1. Beginn der Völkervermehrung
Hier beginne ich mit einer Völkervermehrung auf Mini Plus. Da ich keine Brutwaben auf dem Rähmchenmaß hatte, musste ich mit einem Adapter Brut auf Mini Plus-Rähmchen ansiedeln.

2. Drei Wochen später
Nach drei Wochen waren die Mittelwände ausgebaut und bestiftet. Nachdem die Königin gefunden und gekäfigt war, konnte ich die Brutwabe aus dem Adapter entfernen.

3. Vorbereiteter Mini Plus
Vorbereitet hatte ich eine Zarge mit fünf Rähmchen die teils bereits ausgebaut waren, teils aus Mittelwänden bestanden.

4. Umzug der Brutwabe
Die Brutwabe mit allen ansitzenden Bienen kommt in die vorbereitete Zarge. Da es nur sehr wenige Bienen auf den kleinen Rähmchen gab, habe ich das neue Volk aus dem Flugkreis gebracht und kräftig gefüttert.

Nach kurzer Zeit stellt sich die Weiselunruhe ein (die Bienen merken, dass keine Königin da ist). Jetzt werden eine oder mehrere Larven zur Königin angepflegt. Eine Arbeiterzelle wird verlängert und nach unten ausgezogen, die sogenannte Nachschaffungszelle. Diese sehen wie ein großer, erstarrter Wachstropfen aus, der mitten aus der Wabe läuft.
Im Idealfall ist, nach etwa drei Wochen, die Königin geschlüpft, war beim Hochzeitsflug zur Begattung und ist nun in Eilage. So einfach ist es, ein neues Bienenvolk zu bilden.

ABLEGERBILDUNG MIT BRUTWABEN FÜR FORTGESCHRITTENE IMKER

Da die Bienen in ihrer Not schon mal ältere Larven zur Königin heranfüttern, rate ich fortgeschrittenen Imkern zu einer Kontrolle nach vier Tagen. Zu diesem Zeitpunkt sollten nur offene Nachschaffungszellen vorhanden sein, da das Larvenstadium der Königin fünf Tage dauert. Finden sich nach vier Tagen bereits verdeckelte Nachschaffungszellen, wurden Larven ausgewählt, die bereits zwei Tage oder älter waren. Solche werden nur zu Notköniginnen, deren Leistungsfähigkeit stark beeinträchtigt ist. Die verdeckelten Zellen sollte man ausbrechen, da diese Königinnen zuerst schlüpfen und die nachfolgenden, besseren Königinnen abstechen. Alle offenen Zellen bleiben stehen, das erhöht die Chance, eine gute Königin zu bekommen. Bei Notköniginnen kommt es schnell zur stillen Umweiselung. Sobald die neue Königin in Eilage ist, wird, anders als beim Schwärmen, meist nur eine Weiselzelle angelegt, oft in der Mitte der Wabe. Bis die Königin der stillen Umweiselung Vollreife erlangt hat, können schon mal zwei Königinnen im Volk sein.
Nach der Vier-Tage-Kontrolle heißt es, drei Wochen den Ableger nicht öffnen (es fällt schwer, ich weiß), erst dann auf Weiselrichtigkeit kontrollieren, evtl. eine Weiselprobe durchführen. Junge Königinnen sind sehr

Eine einzelne Weiselzelle mitten in der Wabe ist typisch bei einer stillen Umweiselung.

1

2

nervös und laufen panisch im Volk herum, wenn sie gestört werden, die Bienen könnten die Königin einkneulen und sie erstickt.

ABLEGERBILDUNG UND KÖNIGINNENVERMEHRUNG MIT BOGENSCHNITT

Bei dieser Methode handelt es sich um die einfachste Möglichkeit der Königinnenvermehrung, das heißt, es werden viele Königinnen gleichzeitig herangezogen, die auf mehrere Völker verteilt werden können. Zunächst wird ein kräftiger Ableger mit drei bis vier Brutwaben gebildet (Starter) und aus dem Flugkreis gebracht. Nach neun Tagen sind alle Arbeiterzellen verdeckelt und das Volk ist bereit, aus fremder Brut Weiselzellen zu ziehen. Vorhandene Nachschaffungszellen müssen ausgebrochen werden. Eine Wabe mit frischem Gelege einer ausgewählten Königin wird unten, entlang der Zellen mit Stiften (Eiern) abgeschnitten. Da die Königin immer im Kreis herum legt, von der Mitte der Wabe ausgehend, ergibt sich eine bogenförmige Schnittkante. Diese Wabe hängt man in den Ableger zwischen zwei Brutwaben mit auslaufender Brut und ansitzenden Bienen, um dort möglichst viele Ammenbienen zu versammeln. Es werden jetzt viele Weiselzellen an der Schnittkante angepflegt, von Larven, die alle im richtigen Alter sind, da an der Schnittkante nur Eier und jüngste Brut vorhanden waren.
Nach elf Tagen (14 Tage nach der Eilage) sind die Weiselzellen unempfindlich, erntereif und können gekäfigt oder in frisch gebildete Ableger oder Kunstschwärme verteilt werden. Eventuell angepflegte Nachschaffungszellen werden ausgebrochen und eine der „guten" Weiselzellen im Ableger lässt man schlüpfen.

1. Königinnenvermehrung am besten während der Schwarmzeit durchführen.

2. Es kommt auf den Starter an: Ist dieser kräftig, bringt der Bogenschnitt entlang des frischen Geleges viele Weiselzellen hervor.

▶ **Video 31:** Ameisensäurebehandlung und Bogenschnitt

1

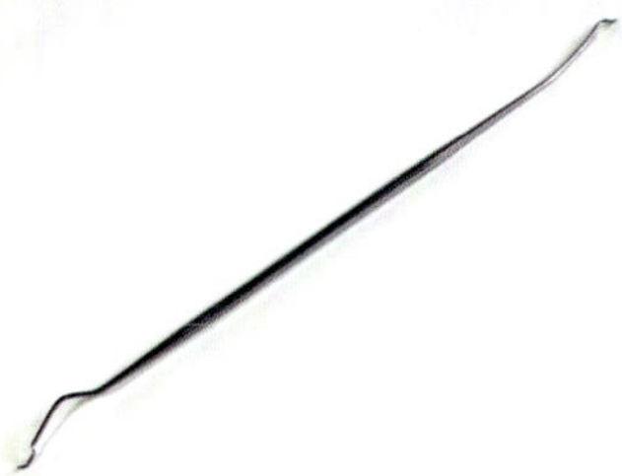

2

3

KÖNIGINNENVERMEHRUNG IM WEISELRICHTIGEN VOLK

Anspruchsvoller und umfangreicher wird die Königinnenvermehrung, wenn man mit Anzuchtvölkern (Startern) arbeitet und das Zuchtmaterial umlarvt. Hierzu sind umfangreiche Vorbereitungen nötig.

Eine Variante, ohne ein Wirtschaftsvolk zu schröpfen oder zu entweiseln, ist die Vermehrung im weiselrichtigen Volk. Ein kräftiges Wirtschaftsvolk, das nicht in Schwarmstimmung ist, wird als Starter ausgewählt.

Aus dem Brutraum werden drei bis vier Brutwaben mit offener Brut und ansitzenden Bienen direkt über das ASG in den Honigraum gehängt. Die verbliebenen Brutwaben werden zusammengeschoben und die Lücken rechts und links mit ausgebauten Waben aus dem Honigraum gefüllt.

Die Königin muss während des gesamten Vorgangs im Brutraum bleiben!

Neun Tage später ist sämtliche Brut im Honigraum verdeckelt. Es wird eine weitere Wabe mit offener Brut und ansitzenden Bienen aus dem Brutraum nach oben gehängt und ein bienendichtes Gitter (Propolisgitter) auf das ASG gelegt. Im Honigraum kommt nach ca. 45 Minuten Weisel-

▶ Videos 6 und 7: Königinnenzucht im weiselrichtigen Volk Teil 1 und 2

4

unruhe auf, da der Zugang zur Königin abgeschnitten ist. Neben der Wabe mit der offenen Brut wird eine freie Gasse für den Zuchtrahmen gebildet, in der sich nun viele Ammenbienen sammeln.
Jetzt entnimmt man dem Volk, aus dem vermehrt werden soll, eine Wabe mit jüngster Brut, die sogenannte Umlarvwabe.
Profis haben vier Tage vorher bereits eine leere ausgebaute Umlarvwabe (ich bevorzuge etwas dunklere Waben, da sieht man die Larven besser) ins Brutnest eingehängt. Ist die Umlarvwabe vorher mit Honigwasser eingesprüht und erwärmt worden, macht sich die Nachzuchtkönigin sofort ans Werk und bestiftet diese Wabe. Diese Königin ist nicht in einem Wirtschaftsvolk bei voller Leistung untergebracht, sondern es ist eine zwei- bis dreijährige, die bereits bewiesen hat, was sie draufhat, die in einem Ablegerkasten oder Mini Plus im Schongang lebt und nur noch für die Zucht Verwendung findet.
Nach vier Tagen sind die Larven auf dieser Umlarvwabe sicher nicht älter als einen Tag und im richtigen Alter für die Umlarvung. Larven, die älter als 36 Stunden sind, wurden evtl. schon mit Pollen und Honig gefüttert, da ist es zweifelhaft, ob sie als Königin noch die volle Leistung entwickeln.

Das Umlarven

Es sind die kleinsten Larven, kaum zu sehen, die wir jetzt brauchen.
Das Umlarven erfordert ein gutes Auge und eine ruhige Hand. Dafür benötigt man entsprechende Werkzeuge wie einen feinen Pinsel Nr. Null oder einen Umlarvlöffel. Ich komme mit dem Schweizer Umlarvlöffel am besten zurecht.
Vorsichtig wird die Larve an der gekrümmten, unempfindlicheren Seite aus der Zelle gehoben und in der gleichen Lage in einem Weiselnäpfchen (gekauft oder selbst aus Wachs hergestellt) abgelegt.

1. Das Umlarven erfordert eine ruhige Hand und ein gutes Auge. Fehlt es bei letzterem, helfen Lupen mit Beleuchtung.

2. Mit einem Schweizer Umlarvlöffel komme ich am besten zurecht.

3. Es sind die kleinsten Larven, die wir brauchen. Sie wurden bisher nur mit Futtersaft gefüttert und können volle Leistungskraft entwickeln.

4. Die Larven müssen in der gleichen Position in den Weiselbecher gelegt werden, am besten mit etwas Futtersaft.

Einen Tag nach dem Umlarven und Einsetzen in den Starter sind zwölf Zellen angenommen. Sie können nach dem Zentrieren in ein Pflegevolk umgesteckt werden.

Mit der Öffnung nach unten wird das Näpfchen auf eine Latte (Oberträger eines ausrangierten Rähmchens) gesteckt. Bis zu 20 solcher Näpfchen können bei dieser Methode zugesetzt werden. Es sollten wenigstens 45 Minuten vergangen sein, seitdem das Gitter die Bienen von der Königin getrennt hat, damit die Weiselunruhe sicher eingetreten ist. Der Zuchtrahmen wird in die Wabengasse neben die Wabe mit der offenen Brut gesteckt und nach 24 Stunden überprüft. Eine Annahmequote von 50 – 70 Prozent ist zu erwarten.

Die angenommenen Näpfchen sind vollständig mit Futtersaft gefüllt, ein Wachsrand wurde angebaut und die Larven schwimmen im Futter. Die angenommenen Näpfchen werden zentral auf den Zuchtrahmen gesteckt, der kann im Honigraum dieses Volks bleiben oder im Honigraum eines anderen Volks (Pflegevolk) weitergepflegt werden.

Im neuen Pflegevolk werden zwei Brutwaben mit offener Brut über das ASG gehängt, um Ammenbienen in den Honigraum zu locken. Die Königin bleibt jedoch im Brutraum!

Im Startervolk kann eine zweite Serie eingehängt werden. Die Annahmequote wird etwas besser sein, denn die Bienen lernen dazu. Nach spätestens 48 Stunden muss das bienendichte Gitter entfernt werden! Nachschaffungszellen werden auf allen im Honigraum verbliebenen Brutwaben ausgebrochen. Am neunten und 14. Tag nach der Eiablage sind die Weiselzellen am unempfindlichsten und müssen gekäfigt oder auf Ableger/Kunstschwärme verteilt werden.

Ohne Käfig wird die erstschlüpfende Königin alle anderen abstechen (16. Tag). Keine Angst, das Volk wird nicht schwärmen, nur weil sich jetzt mehrere Königinnen im Honigraum befinden,

es war nicht in Schwarmstimmung. Die Käfige müssen etwas Futter enthalten, denn die frisch geschlüpften Königinnen haben Hunger. Der große Vorteil hierbei ist, dass kein Volk geopfert oder geschröpft werden muss.
Erfahrene Züchter schauen sich die Prinzessinnen nach dem Schlupf genau an, es kommt schon mal vor, dass die Flügel verkrüppelt sind, ein Bein fehlt oder sonstige Missbildungen zu sehen sind. Vor dem Einweiseln ins neue Volk werden die Königinnen gezeichnet, schließlich will ich sicher sein, dass es sich um meine Königin handelt und nicht um eine, die sich beim Hochzeitsflug verirrt hat.

KÖNIGINNENVERMEHRUNG IM ENTWEISELTEN VOLK

Die Versuchung für eine vom Hochzeitsflug zurückkehrende Königin, ein so großes Volk zu übernehmen, ist zu verlockend. Sie würde alle angezogenen Weiselzellen zerstören.
Für diesen Starter wird ein kräftiges Wirtschaftsvolk entweiselt, die Königin wird also entnommen. Jetzt mit der Königin, einer Brutwabe mit verdeckelter Brut und ansitzenden Bienen, einer

WICHTIG

Bei allen Startern ohne Königin muss zwischen dem Boden und dem Brutraum (oder vor das Flugloch) ein ASG eingelegt werden.

1. Am 16. Tag, gerechnet ab der Eiablage, schlüpft die Königin.

2. Mit einem nummerierten Farbplättchen gezeichnet finde ich die Königin schnell wieder.

1

2

Mittelwand und einer Futterwabe einen Königinnenableger bilden. Es wird wieder eine Gasse zwischen zwei Waben mit offener Brut gebildet. Diesmal direkt im Brutraum. Aus der Umlarvwabe werden die Larven entnommen, währenddessen stellt sich Weiselunruhe ein und man kann ohne große Wartezeit (ca. 45 – 60 Minuten) mit der ersten Serie beginnen. Da jetzt eine viel größere Anzahl an Ammenbienen im Volk vorhanden ist, die sich um die Weiselnäpfchen kümmert, können bis zu 30 Stück umgelarvt werden. Wenn nach neun Tagen alle Brutzellen verdeckelt und die Nachschaffungszellen ausgebrochen wurden, kann die zweite Serie eingesetzt werden. Zwischenzeitlich würden die Bienen keine fremde Brut annehmen. Bis zu vier bis fünf weitere Serien sind möglich. Sobald die Annahmequote spürbar nachlässt, sind nicht mehr genügend Ammen für die Versorgung im Volk. Man kann bei der letzten Serie eine Weiselzelle stehen lassen, die neue Königin im Volk schlüpfen lassen oder mit dem gebildeten Königinnenableger wiedervereinigen.

KÖNIGINNENVERMEHRUNG IM SAMMELBRUTABLEGER

Dafür werden aus mehreren Völkern Waben mit Brut in allen Stadien mit ansitzenden Bienen entnommen und auf einen neuen Boden gestellt (selbstverständlich ohne Königin). Am besten auf einen neuen Stand verstellen, um die Flugbienen zu erhalten. Wie im entweiselten Volk, kann sofort mit der ersten Serie gestartet und genauso weiter verfahren werden. Da hier nur wenige Flugbienen im Volk sind und kein Honigraum aufgesetzt ist, am besten mit Flüssigfutter aus einem Futteraufsatz, für einen stetigen Futterstrom sorgen. Das bewirkt eine optimale Pflege der umgelarvten Weiselzellen.

Ein Starter hat starke Anziehungskraft auf junge Königinnen. Ein ASG zwischen Boden und Zarge schützt die Weiselzellen vor dem Ausfressen.

Farbig markiert findet man die Königin besser.

1x1 der Imkerei

Einige Zusammenhänge erschließen sich erst mit wachsender Erfahrung als Imker. Nachfolgend möchte ich einige Rechenbeispiele und Fakten aus der Praxis aufzeigen.

Die folgende Tabelle zeigt die Entwicklungsphasen der drei Bienenwesen und einen Plan, den zeitlichen Ablauf für die Zucht und die Entwicklungsphasen in Einklang zu bringen.
So ist es möglich, den Schlupf der Königin auf ein genaues Datum festzulegen, beispielsweise einen Samstag, an dem man freihat oder mit einem Abgabetermin bei der Belegstelle zu koordinieren.
Möchte ich wissen, ob das Volk weiselrichtig ist, also eine Königin im Volk ist, muss ich nicht unbedingt die Königin sehen. Finden sich Stifte (Eier), die noch aufrecht stehen, wurden diese von der Königin an diesem Tag gelegt. Eine Suche nach der Königin erübrigt sich somit, sie ist mit Sicherheit im Volk.
„3, 5, 8, die Königin ist gemacht“. Lautet ein bekanntes Imkersprichwort.
Werden Nachschaffungszellen bereits nach vier Tagen verdeckelt und war die Larve zwei Tage alt oder älter, wird eine Notkönigin schlüpfen. Das Larvenstadium der Königin dauert fünf Tage. Die Notkönigin schlüpft als Erste und sticht die jüngeren, guten Königinnen noch in den Zellen ab.

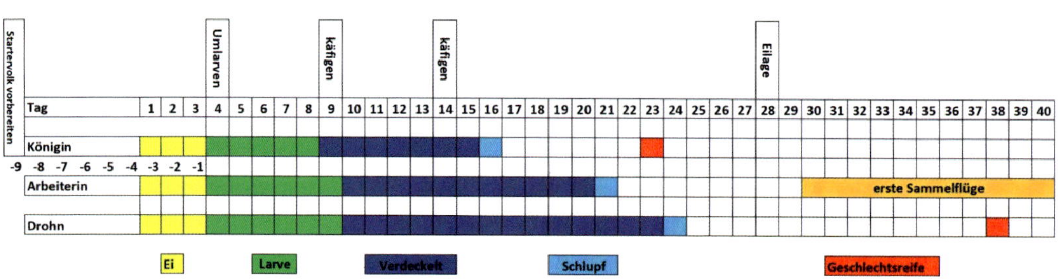

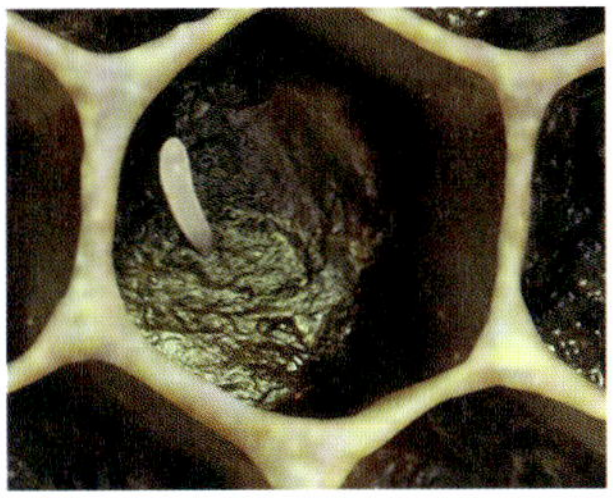

1.–3. Tag Eistadium

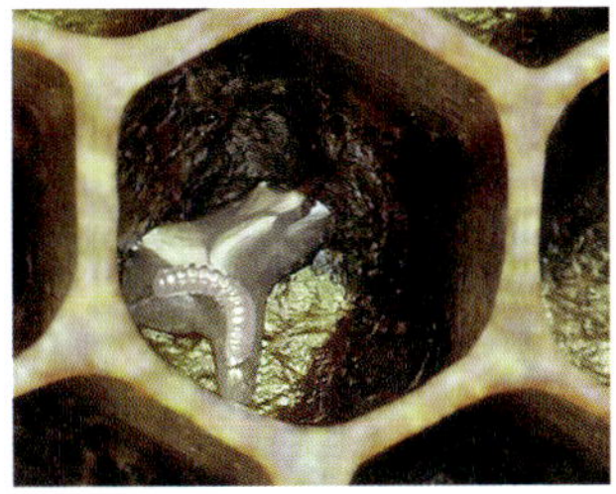

2.–4. Tag Geschlüpfte Larve

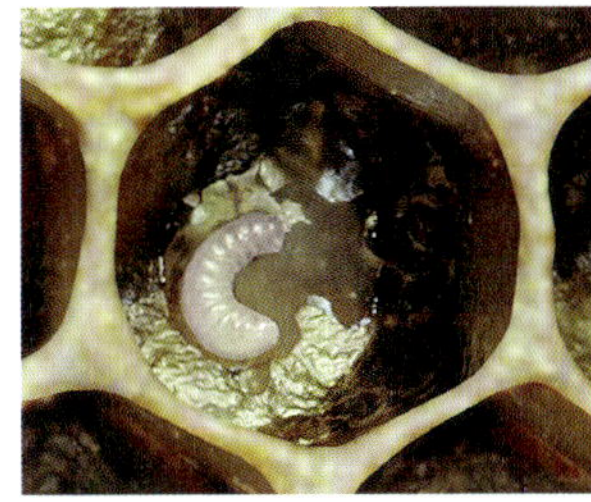

5. Tag Schon gewachsen

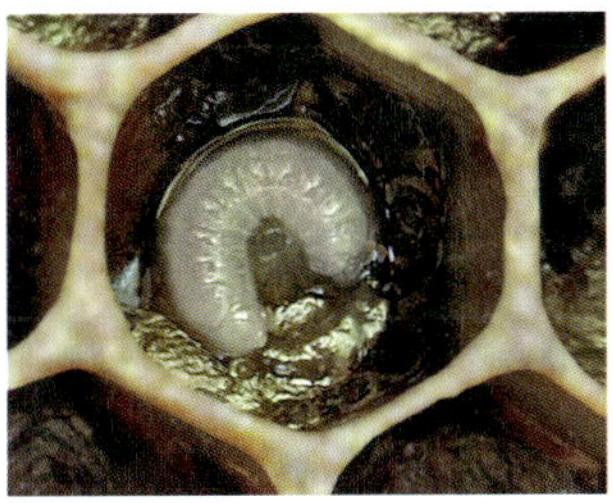

6. Tag Bald wird's eng.

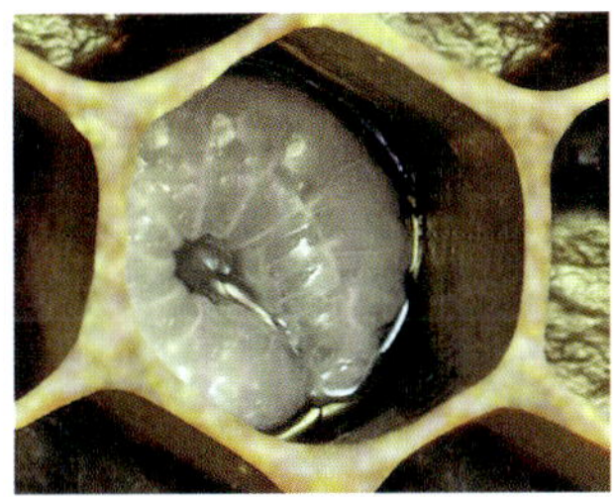

7. Tag Rundmade

8. Tag Kaum noch Platz

9. Tag Verdeckelung der Larven

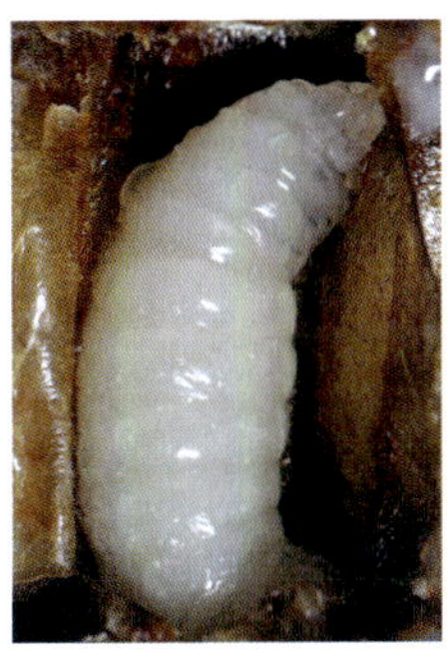

10. Tag Die Verwandlung beginnt.

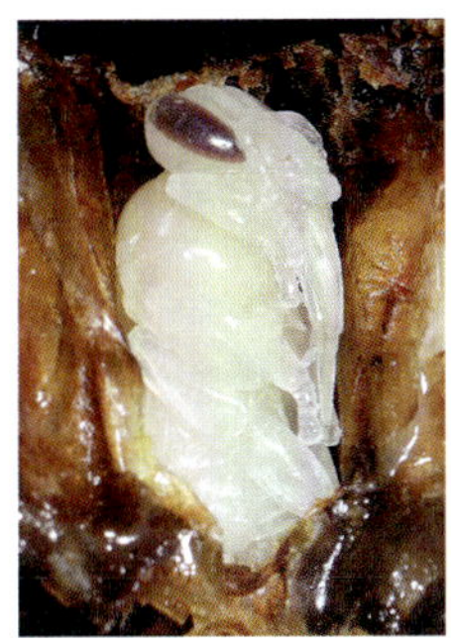

14. Tag Die Augen werden dunkel.

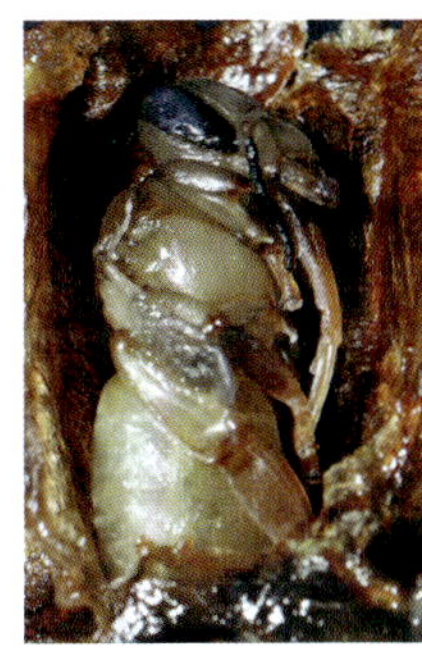

17. Tag Die Biene ist fast fertig.

21. Tag Noch ganz grau schlüpft die Arbeiterin.

Bildet man Starter zur Königinnenvermehrung, also Völker, die offene Brut haben, nehmen sie umgelarvte Zellen nur kurz nach der Entweiselung an (ein bis zwei Stunden). Danach muss man neun Tage warten, bis sämtliche Brut verdeckelt ist. Zwischenzeitlich werden die Bienen versuchen, ausschließlich mit der eigenen Brut nachzuschaffen.
Befinden sich mehrere Eier in einer Zelle, kann das zwei Ursachen haben. Zum einen sind junge Königinnen noch ungeübt und legen schon mal viele Eier auf einmal in eine Zelle. Die Arbeiterinnen kümmern sich darum und räumen die überzähligen Stifte aus. Manchmal finden sich diese Eier auf der Gemüllschublade.
Die andere Ursache hat ernste Auswirkungen. Es ist keine Königin im Volk und auch keine offene Brut, aus der eine Nachschaffungszelle gezogen werden könnte. Eine oder mehrere Arbeiterinnen beginnen, Eier zu legen. Die sogenannten Afterweisel legen meist viele Eier in eine Zelle. Ihr Hinterleib ist zu kurz, um die Eier an den Zellboden zu legen, deshalb kleben sie an der Zellwand. Diese Eier sind nicht befruchtet und dadurch werden nur Drohnen aufgezogen.
Da die Drohnen in Arbeiterinnenzellen heranwachen, diese aber viel zu klein sind für die Larven, kommt ein domförmiger Deckel auf die Zelle, es sieht aus wie ein Buckel, weshalb auch von Buckelbrut gesprochen wird. Es gibt auch Bemühungen, aus diesen Zellen Königinnen zu ziehen, es entstehen riesige Weiselzellen, aus denen aber nur Drohnen schlüpfen. Das Volk ist verloren.
Vermeintlich weisellose Völker sollten alle neun Tage mit einer Wabe mit offener Brut versorgt und auf Nachschaffungszellen kontrolliert werden. Sind keine vorhanden, ist wahrscheinlich eine Königin im Volk. Ist keine eigene frische Brut zu sehen, kann es sein, dass die junge Königin nach dem Hochzeitsflug noch nicht in Eilage ist. Es kann auch sein, dass sie nicht vom Hochzeitsflug zurückgekommen ist. Das Volk hat nun keine Möglichkeit mehr, eine Königin nachzuschaffen, deshalb sollte eine Wabe mit offener Brut, bestenfalls in allen Stadien, zugehängt werden, um den Bienen die Möglichkeit zu geben, eine Königin nachzuziehen und so die Drohnenbrütigkeit zu verhindern. Der Vorgang wird so lange wiederholt, bis eine Königin in Eilage im Volk ist.
Es dauert 30 – 40 Tage von der Eilage bis zum ersten Sammelflug. Brutentnahmen zwei bis drei Wochen vor dem Schleudern haben keinen negativen Einfluss auf den Ertrag. Das Gegenteil ist der Fall, weniger Brutpflege bedeutet weniger Futterverbrauch im Volk. Eine gute Königin legt in der Sommerzeit ca. 2 000 Eier täglich, multipliziert mit den 21 Tagen des Brut-

Bau- oder Drohnenrahmen – ein gesundes Volk beherbergt ca. 18 Prozent Drohnen. Varroamilben finden sich vermehrt in Drohenbrut, diese wird von den Bienen öfter gefüttert.

zyklus der Arbeiterinnen ergeben sich 42 000 Zellen, die für das Brutgeschäft in der Hochsaison nötig sind. Rechnet man noch einen Tag für das Putzen dazu, reichen 44 000 Zellen aus. Eine Zanderwabe (220 × 420 mm) hat etwa 6 000 Zellen auf beiden Seiten, somit sind nur sieben bis acht Waben nötig, um einer Königin genügend Zellen zum Bestiften bereitzustellen. Die Zarge der Beute fasst zehn Rähmchen, also stehen 60 000 Zellen zur Verfügung.

Um die Futtermenge im Vorfrühling richtig einzuschätzen, muss keine Waage mitgeführt werden, in der Praxis braucht es einfache und schnelle Beurteilung der Restfuttermenge pro Wabe. Geht man davon aus, dass eine volle Zanderwabe zwei kg fasst, kann die Futtermenge mit einer Handfläche abgeschätzt werden. Etwa vier Handbreit ergeben eine volle Wabe, eine Handbreit somit ca. 500 g (das gilt auch bei anderen Rähmchenmaßen), wenn beidseits der Wabe Futter eingelagert ist. Braucht ein Volk im Winter 250 g Futter pro Woche, so steigt der Bedarf im Vorfrühling auf bis zu einem kg an.

MILBENBELASTUNG

Varroamilben vermehren sich in der verdeckelten Brut.
Ermittlung der Varroabelastung durch Gemülldiagnose.

SCHAU GENAU HIN!

Varroabekämpfung

Die Varroamilbe (Varroa destructor) ist ein Parasit, der sich von der Hämolymphe (sozusagen dem Blut der Insekten) ernährt. Die erwachsenen Bienen, die Larven und die Puppen werden von den Milben mit ihrem Saugrüssel angestochen, dabei werden über den Speichel der Milbe Krankheitserreger und Viren übertragen.

Dadurch werden die Bienen so geschwächt, dass es ohne Behandlung zum Zusammenbruch der Völker kommt. Ein zentrales Thema in der heutigen Imkerei ist ein schlüssiges Varroabekämpfungskonzept. Leider gibt es nicht das eine Konzept, es gibt mehre Ansätze und Behandlungsmittel. Im Wesentlichen bestehen die Behandlungskonzepte aus biotechnischen und chemischen Maßnahmen.

Eine Auflistung der in Deutschland zugelassenen Behandlungsmittel findet sich am Ende des Kapitels. Wie bereits erwähnt, enden die Standardzulassungen am 28.01.2022. Bitte die Webseiten der Bieneninstitute auf den aktuellen Stand abfragen.

DROHNENSCHNITT

Im Vorfrühling, nach Auflösung des Wintersitzes, führe ich eine Gemülldiagnose mittels einer Schublade (Windel), die unter den Gitterboden geschoben wird, durch. Sie bleibt für drei Tage dort, danach wird der natürliche Milbenfall ausgezählt und durch drei geteilt, um den durchschnittlichen täglichen Totenfall zu ermitteln. Bei einem täglichem Totenfall von fünf Milben unternehme ich bis zum Hochsommer nichts. Bei Völkern, in denen mehr als fünf Milben pro Tag fallen, kommen bis zur letzten Honigernte im Hochsommer nur biotechnische Maßnahmen infrage.

Das sind in erster Linie Brutentnahmen jeder Art (Drohenschnitt, Ablegerbildung, Totale Brutentnahme). Will man Honig ernten, ist ein Einsatz mit Behandlungsmitteln jeglicher Art nach dem 31.12. des jeweiligen Jahres nicht zulässig, weil dies den Honig verunreinigen würde, er wäre nicht mehr verkehrsfähig. Das bedeutet, der Honig darf weder verkauft noch verschenkt werden.

1

1. Im ausgebauten Drohnenrahmen sind die einzelnen Bauabschnitte gut zu erkennen.

2. Rähmchen ausschmelzen mit dem Dampfschmelzer.

3. Mit heißem Wasser lösen sich Wachs und Propolisreste.

4. Waschsoda ist ein gutes Reinigungsmittel ohne ätzende Dämpfe.

Die Milben entwickeln und begatten sich in den verdeckelten Zellen der Bienen. Sie vermehren sich am besten in den Drohnenzellen, da diese die längste Verdeckelungsphase haben (drei Tage länger als die Arbeiterinnen). Die Drohnenbrut wird von den Ammen auch häufiger besucht als die Arbeiterinnenbrut (Drohnen werden deutlich größer und brauchen mehr Futter), deshalb finden sich dort auch mehr Milben. Das macht eine Entnahme der verdeckelten Dohnenzellen sehr effektiv, wenn ein hoher Befall im Frühling vorherrscht. Sobald der Baurahmen mit Drohnen vollständig verdeckelt ist, wird dieser dem Volk entnommen oder ausgeschnitten und eingeschmolzen. Ich schneide nicht im wörtlichen Sinne, sondern verwende gedrahtete Rähmchen als Baurahmen, sie lassen sich besser im Ganzen zum Schmelzer transportieren. Nach einigen Tagen wird eine erneute Diagnose durchgeführt und bei einem Milbenfall von fünf oder mehr pro Tag der Drohnenschnitt wiederholt, notfalls so oft, bis die Bienen aufhören, den Baurahmen auszubauen.

TBE UND AMEISENSÄURE

Im Hochsommer, im höchsten Entwicklungsstadium der Völker, sind die meisten Milben in den verdeckelten Brutzellen zu finden. Diese Tatsache macht den nächsten Schritt des Bekämpfungskonzepts, die TBE, sehr effektiv. Das genaue Verfahren der TBE habe ich bereits im Abschnitt „Einräumig imkern auf Zander“ Seite 53 beschrieben. Bei den Brutsammlern führe ich auf jeden Fall eine Behandlung mit Ameisensäure durch. Eine Diagnose ist hier nicht notwendig, die Schadschwelle ist mit Sicherheit weit überschritten.

Ameisensäure

AS ist das einzige Behandlungsmittel, das in den verdeckelten Zellen wirkt. Vorsicht!
Es ist Hochsommer und wahrscheinlich zu warm für eine optimale AS-Behandlung, deshalb die AS vorher im Tiefkühler auf –19 °C kühlen (AS gefriert nicht ein, verdunstet aber tiefgekühlt nicht schlagartig) und nur 20 – 30 ml einfüllen, nach zwei Tagen sollte alles verdunstet sein. Bei der Behandlung mit AS ist es wahrscheinlich, dass die Königin das Brutgeschäft einstellt und die Bienen die Brut nur schlecht pflegen oder gar ausräumen. Wenn die Wirkung abklingt, normalisiert sich die Brutaktivität wieder.
Es gibt verschiedene Möglichkeiten, um die Ameisensäure in der Beute zu verdunsten:
– Ein Schwammtuch auf eine Folie legen und mit einer Spritze die AS darauf verteilen. Nur so viel, wie das Schwammtuch aufnehmen kann.
– Das kann von oben, direkt auf dem Propolisgitter unter dem Deckel, geschehen oder unten auf der geschlossenen Gemüllschublade. Bei der Schwammtuchmethode verdunstet AS schlagartig und schnell durch die große Oberfläche des Schwamms. Daher empfehle ich, die AS bei der Schwammtuchbehandlung immer vorher tiefzukühlen.

2

3

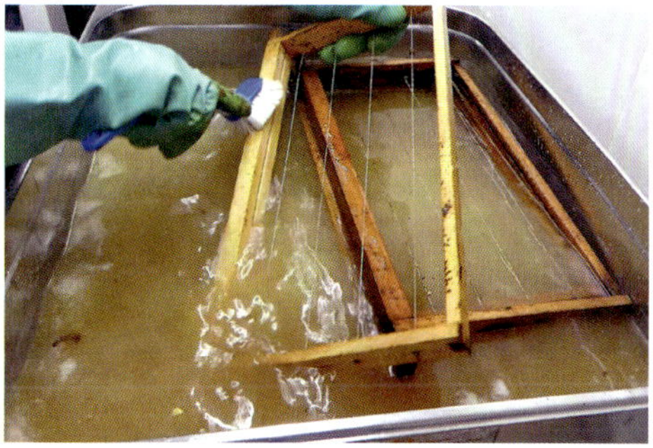

4

▶ Video 34:
März: Rähmchen ausschmelzen und reinigen

Vorsicht

Ameisensäure verursacht Hautreizungen und Verätzungen. Chemikalienhandschuhe, Schutzbrille, Atemschutz und geschlossene Kleidung tragen!

– Sogenannte Langzeitverdunster verschiedener Hersteller werden in einer Leerzarge auf die Oberträger gelegt (hier kann das Propolisgitter verhindern, dass die Bienen in direkten Kontakt mit der Säure kommen oder das Papier, welches als Verdunsteroberfläche dient, zernagen). Die AS wird nur langsam und allmählich auf die Verdunsteroberfläche aufgebracht und ist so schonender für die Bienen. Die Langzeitverdunster verbleiben bis zur vollständigen Verdunstung der AS in der Beute. Die Chance, innerhalb der zwei Wochen mehrfach die optimalen Bedingungen wie Temperatur und Luftfeuchtigkeit zu treffen, sind höher als bei der Schwammtuchmethode, die auf den Punkt sein muss. Die Fläschchen können bereits zu Hause abgefüllt werden und man muss nicht am Stand mit der Säure hantieren.

Varroawetter

Ein wichtiges Hilfsmittel ist die Webseite für das sogenannte Varroawetter, www.varroawetter.de.
Hier kann standortgenau, über die Eingabe der Postleitzahl, das Wetter für eine optimale Behandlung mit Ameisensäure und anderen Mitteln abgefragt werden. Viele mögliche Varianten sind in einer Tabelle aufgeführt, ob mit Schwammtuch von oben oder unten oder Langzeitverdunstern, auch brütende oder brutfreie Völker sind berücksichtigt.
Bei Völkern, die durch die TBE im Sommer für einige Tage keine verde-

Langzeitverdunster kann man bereits zu Hause befüllen.

1

2

1. Damit die Bienen das Papier des Langzeitverdunsters nicht zernagen, lege ich ein bienendichtes Gitter ein.

2. Das Volumen der Leerzarge muss beim Bemessen der AS berücksichtigt werden.

ckelte Brut haben, kommt es deshalb auch bei den Milben zu einer Unterbrechung ihres Brutzyklus, das hat bereits positive Auswirkung auf das Volk. Bevor die erste Bienenbrut verdeckelt ist, wird, wie auch bei den Brutscheunen, eine AS-Behandlung durchgeführt.
Mit dem Einrichten des Wintersitzes im Frühherbst wird bei allen Völkern eine Gemülldiagnose durchgeführt und gegebenenfalls eine weitere Behandlung mit AS gemacht. Jetzt das Varroawetter beachten, es kann bereits kalte Nächte geben und die Behandlung läuft ins Leere.

RESTENTMILBUNG

Die Gefahr, dass die Völker unter dem Varroadruck zusammenbrechen, ist im Spätherbst am größten. Oft sind es die stärksten Völker, die der Varroatose zum Opfer fallen, denn sie sind es, die geschwächte Völker ausräubern und neben Futter auch jede Menge Milben mitbringen.
Eine flächendeckende Milbenbekämpfung ist deshalb notwendig, da vernachlässigte Völker zur Milbenverbreitung beitragen. Hier ist jeder Bienenhalter in der Pflicht, ein konsequentes Behandlungskonzept durchzuführen. Ende des Spätherbstes sind die starken Völker brutfrei, Ableger brüten meist bis zum Ende des Vollherbstes, da ihnen noch die nötige Bienenmasse fehlt. Jetzt wird die Restentmilbung mit der Oxalsäure-Träufelmethode durchgeführt (siehe Kapitel Oxalsäure Seite 102).

▶ **Video 35:** Varroabekämpfung mit Ameisensäure

▶ **Video 36:** Restentmilbung mit Oxalsäure-Beträufelung

OXALSÄURE-VERDAMPFUNG

Das andere schlüssige Konzept beruht im Wesentlichen auf den biotechnischen Maßnahmen der Brutentnahme wie Drohnenschnitt und TBE. Der Unterschied ist hierbei, dass die Behandlung mit der Oxalsäure-Verdampfungsmethode erfolgt, statt AS einzusetzen. Gleich noch mal vorweg: Hierfür gibt es derzeit keine Zulassung in Deutschland. Für die Leser in Österreich, der Schweiz und den Niederlanden ist dies dennoch eine einfache und bienenverträgliche Methode. Nach der TBE werden die Brutsammler einer Blockbehandlung unterzogen. Der verdeckelte Brutzyklus der Arbeiterinnen dauert zwölf Tage. In dieser Zeit wird alle drei bis vier Tage eine Behandlung mit Oxalsäure-Verdampfung durchgeführt. Dabei werden jeweils die ansitzenden bzw. frisch geschlüpften Milben abgetötet. So haben die Milben kaum eine Chance, in die Zellen schlüpfen, die vor der Verdeckelung stehen. Bei brutfreien Völkern reicht eine einmalige Behandlung. Die Verdampfung nach Beendigung des Flugbetriebs durchführen, um alle Bienen mit ansitzenden Milben zu behandeln. Im Frühherbst wird die Blockbehandlung bei allen Völkern wiederholt. Im Spätherbst/Winter wird die Oxalsäure-Verdampfung bei den nun brutfreien Völkern zur Restentmilbung letztmalig durchgeführt. Die so behandelten Völker sind im Frühling weitgehend milbenfrei und ein Drohnenschnitt erübrigt sich meist. Es sind verschiedene Geräte auf dem Markt, um die Oxalsäure im Volk zu verdampfen. Was alle Methoden zur Oxalsäure-Verdampfung vereint, ob nun der Dampf eingeblasen oder im Volk direkt freigesetzt wird, die Beuten müssen für die Zeit der Behandlung verschlossen werden, der Boden mittels Gemüllschublade, das Flugloch mit einem Schaumstoff oder Ähnlichen. Der Schutz des Imkers steht an erster Stelle. Geschlossene Schutzkleidung, FFP3-Atemmaske, Chemikalienhandschuhe und Schutzbrille sind verbindlich bei diesen Arbeiten zu tragen. Oxalsäure ist sehr giftig und kann vor allem bei der Verdampfung leicht aufgenommen werden. Zusätzlich sollte gegen den Wind gearbeitet werden. Abschließend die Werkzeuge und Hände gründlich reinigen.

ANWENDUNG DER WICHTIGSTEN BEHANDLUNGSMITTEL

Dies sind die gängigsten Methoden gegen Varroa.

Ameisensäure

Ameisensäure wird in der Beute über mehrere Tage verdunstet. Der Wirkungsgrad ist von der Außentemperatur und der Luftfeuchtigkeit abhängig. Für optimale Bedingungen das www.varroawetter.de befragen.
Zugelassen bis 28.01.2022 ist Ameisensäure 60 Prozent ad us. vet. Diese Abkürzung steht für „ad usum veterinarium“, kommt aus dem Lateinischen und bedeutet „zum tierarzneilichen Gebrauch“. Verdunstet wird über ein Schwammtuch, von unten oder oben, mittels Langzeitverdunster verschiedener Hersteller, die auf die Oberträger gestellt oder zwischen die Waben gehängt werden (siehe Kapitel „TBE und Ameisensäure“ Seite 96).
Vorsicht! Ameisensäure verursacht Hautreizungen und Verätzungen. Chemikalienhandschuhe, Schutzbrille, Atemschutz und geschlossene Kleidung tragen.

1

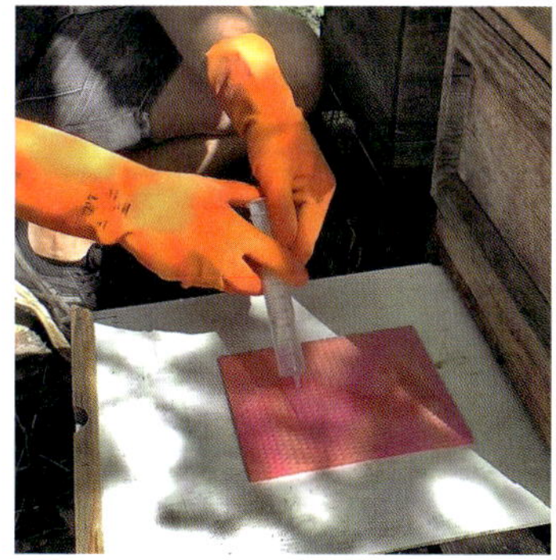

2

3

4

Ameisensäure ist ätzend!

1. Schutzbrille und Handschuhe sind Pflicht.

2. Bei der Schwammtuchmethode von unten muss man noch nicht mal die Völker öffnen.

3. Die Schwammtuchmethode von oben mit zurückgeschlagener Folie hat einen hohen Wirkungsgrad, da AS schwerer ist als Luft.

4. Im Mini Plus kann auch mit AS von oben mit Schwammtuch oder Langzeitverdunster gearbeitet werden. Geringeres Volumen beachten!

1

2

1. Zu Beginn des Winters fällt die Beträufelung der Bienen mit Oxalsäurehydratlösung an.

2. Die Völker sollten brutfrei sein. Die Lösung wird in jede besetzte Wabengasse geträufelt.

3. Bei Temperaturen unter 3 °C bleiben die Beuten geschlossen.

Oxalsäure

Oxalsäure kann auf verschiedene Weise in die Völker eingebracht werden.

– Oxalsäure (Oxuvar 5,7 %) sprühen (Wie bei Milchsäure mit dem Zerstäuber direkt auf die Bienen sprühen).

– Oxalsäure träufeln. Beim Träufeln handelt es sich um die Restentmilbung im Spätherbst/Winter. Die Völker müssen brutfrei sein, da die OS nur auf die ansitzenden Milben wirkt. Die Bienen sollten in der Wintertraube sitzen und werden mittels einer Spritze direkt mit der Oxalsäurehydratlösung 3,5 Prozent beträufelt. Die Lösung wird mit lauwarmem Wasser und Saccharose angemischt und ist einige Tage haltbar. Diese Behandlung darf nur einmalig angewendet werden! Es kommt, auch bei einmaliger Anwendung zu vermehrtem Totenfall bei den Bienen. Mehrmalige Behandlung führt zu Völkerverlusten. Es sollte kalt sein, aber die Außentemperaturen sollten nicht unter 3 °C liegen.

– Oxalsäure kann in kristalliner Form verdampft werden und verteilt sich gleichmäßig im Volk. Es gibt verschiedene Geräte auf dem Markt, um Oxalsäure zu verdampfen. Die Wirkung ist auch hier nur gegen ansitzende Milben. Die Anwendung ist für die Bienen gut verträglich, aber für den Menschen sehr gefährlich! Für dieses Anwendungsverfahren gab es bei Erscheinen dieses Ratgebers noch keine Zulassung in Deutschland.

Vorsicht! Oxalsäure ist sehr giftig und kann über die Haut aufgenommen werden. Chemikalienhandschuhe, Schutzbrille, Atemschutz und geschlossene Kleidung tragen.

3

Milchsäure

– 15 %ige Milchsäurelösung wird mit einem Handzerstäuber direkt auf die Bienen gesprüht. Eine aufwendige Prozedur, da Wabe für Wabe gezogen und alle ansitzenden Bienen eingesprüht werden müssen. Pro voll besetzter Wabe werden ca. acht ml gesprüht. Die Bienen sollten sichtbar benetzt, aber nicht durchnässt sein. Die Anwendung kann im Sommer bei Ablegern und Jungvölkern, im Winter bei Brutfreiheit und Temperaturen über 0 °C eingesetzt werden. Im Winter die Lösung vor dem Einsprühen (lauwarm) erwärmen. **Vorsicht!** Milchsäure verursacht Hautreizungen und Verätzungen. Auch hier Chemikalienhandschuhe, Schutzbrille, Atemschutz und geschlossene Kleidung tragen.

ZUGELASSENE BEHANDLUNGSMITTEL IN DEUTSCHLAND

(Auszugsweise, Stand 2018)

Mittel	Methode
Ameisensäure 60 % ad us. vet.	Verdunsten
Milchsäure 15 % ad us. vet.	Sprühen
Mite Away Quick Strips, (MAQS) Ameisensäure 68,2 g. Imprägnierter Streifen	Einhängen
Thymovar/ApiLife Var/Apiguard (Wirkstoff Thymol)	Auflegen
Oxalsäurehydratlösung 3,5 %	Träufeln
Oxuvar 3,5 %	Träufeln
Oxuvar 5,7 %	Sprühen

Eine aktuelle Liste Stand 10/2020 finden Sie bei www.lwg.bayer.de.

BIENEN-KRANKHEITEN

Vorbeugen und erkennen

Kräftige und gesunde Völker sind Voraussetzung einer erfolgreichen Imkerei. Beugen Sie Krankheiten vor und erkennen Sie erste Anzeichen geschwächter Völker.

VORBEUGEN

Zunächst gilt: Vorbeugen ist besser als behandeln, das fängt bereits bei der Auswahl und Beschaffung der Bienen an.

– Kaufen Sie regional, die Bienen sind bereits an das Klima und die Umgebung angepasst.
– Kaufen Sie nur Völker mit Gesundheitszeugnis.
– Keine Bienenimporte kaufen, z. B. Paketbienen.
– Nur Völker mit jungen, vitalen (Brut in allen Stadien) maximal zweijährigen Königinnen kaufen.
– Schwärme nach dem Einfangen 24 Stunden in Kellerhaft auf Mittelwände setzen, dadurch wird kein belastetes Futter eingelagert. Nicht füttern. Der Schwarm soll das mitgebrachte Futter nach Möglichkeit restlos verbrauchen.
– Brutverhalten Brutbild und erste Larven bei Schwärmen genau beobachten.
– Bienen nicht mit Fremdhonig jeder Art füttern.
– Notfütterungen sind zu vermeiden, immer für ausreichend Futter im Volk sorgen (mindestens vier kg zu jeder Zeit als Reserve belassen).
– Keinen Pollen zufüttern.
– Regelmäßig Wabenhygiene durchführen. Verschimmelte, verkotete und schwarze Waben einschmelzen, ebenso Futterwaben von eingegangenen Völkern. Wer kann schon ohne genaue Analyse sagen, woran ein Volk gestorben ist? Geiz ist ein schlechter Imker.
– Keine Fremdwaben verwenden.
– Eigenen Wachskreislauf aufbauen.
– Gebrauchte Beuten und Rähmchen vor der Neubesetzung gründlich reinigen und desinfizieren, Beutenteile regelmäßig erneuern.
– Nicht zu viele Völker auf den gleichen Stand stellen, maximal 20–25 Völker.
– Der Standplatz sollte trocken und sonnig sein.
– Wasser der Bienentränke regelmäßig wechseln, keine Regentonne mit Dachwasser aufstellen, denn sonst wird Bienen- und Vogelkot eingespült. Am besten auf natürliche Wasserzugänge setzen, bei uns gibt es ausreichend Teiche und Seen, Bäche und Flüsse.

– Räuberei vermeiden
– Nur starke Völker einwintern, Schwächlinge können im Frühjahr Selbstheilungsprozesse nicht in Gang setzen und entwickeln sich zu langsam.
– Konsequente Bekämpfung der Varroamilbe (Varroa destructor). Sie gilt als Hauptüberträger vieler Viruserkrankungen.

ERKENNEN

Bei jedem Standbesuch sollte man routinemäßig auf folgende krankhafte Zustände achten wie:
– Es befinden sich Kotspritzer am Flugloch.
– Krabbler, das sind orientierungslose oder zittrige Bienen vor dem Flugloch.
– Verkrüppelte, deformierte Flügel
– Haarlose, schwarze Bienen mit kleinem Hinterleib (Symptom diverser Viruserkrankungen)
– Frühjahrsentwicklung gestört
– Löchriges Brutbild
– Stehen gebliebene Brutzellen
– Eingefallene, rissige Zelldeckel
– Verkotete Waben
– Geruchsbildung: Ein gesundes Volk riecht zitrusartig, nach Bienenwachs und Propolis.
– Larven und Puppen sind mumifiziert, fallen aus den Zellen, sind wie verkalkt, versteinert.
– Brutzellen sind schleimig
– Starker Totenfall

Bei Trachtlosigkeit müssen Bienen Wasser sammeln.

GUTE VÖLKER SIND

krankheitsresistent, sanftmütig, wabenstet, schwarmträge und leistungsstark.

Die häufigsten Erkrankungen

Unterschieden wird bei Bienen nach Brutkrankheiten und Erkrankungen der erwachsenen Biene. Auslöser sind Bakterien, Pilze, Einzeller (Amöben) und Viren.

Wenn mehrere Ursachen gleichzeitig auftreten, spricht man von Faktorenkrankheiten. In der Praxis ist es nicht immer eindeutig, welche Krankheiten vorliegen, oft kann nur eine Laboranalyse Gewissheit geben. Ansprechpartner bei Krankheitsbefall sind der Bienensachverständige des Vereins oder des Landesverbandes und der tiermedizinische Dienst.

KRANKHEITEN DER BRUT

Die Erreger der Brutkrankheiten sind Bakterien und Pilze. Bakterien werden über das Futter übertragen, Pilzsporen meist über die Luft oder den Pelz der Ammenbienen. Die Brutkrankheiten werden am gestörten Brutbild unterschieden. Besonders der Zustand der Larven gibt Auskunft, welche Brutkrankheit vorliegt.

Amerikanische Faulbrut (AFB)

Die gefährlichste Brutkrankheit ist die Amerikanische Faulbrut (AFB). In den verdeckelten Zellen findet sich eine braune, schleimig zähe Masse, die Fäden zieht, wenn man einen sogenannten Streichholztest durchführt. Ein Streichholz oder dünnes Stöckchen wird in die Zelle getaucht und beim Herausziehen bilden sich klebrige Fäden. Ist die Masse eingetrocknet, bildet sich an der Zellwand der dunkel gefärbte Faulbrutschorf.
AFB ist anzeigepflichtig!

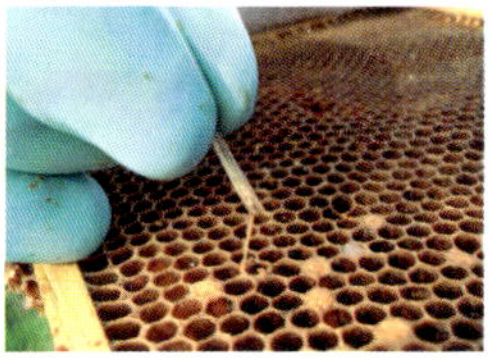

Der positive Streichholztest: Bei AFB bilden sich schleimige Fäden beim Herausziehen.

Die Masse und der Schorf sind hoch infektiös. Der Erreger ist ein Bakterium (Paenibacillus larvae), dessen Sporen sind hitzeresistent und überdauern lange und sind daher sehr schwer zu bekämpfen. Putzerbienen nehmen die Sporen beim Reinigen auf, als Ammenbienen übertragen sie die Sporen auf die Larven. Die Übertragung erfolgt auch durch sporenverseuchten Honig aus dem Ausland, wo AFB mit Antibiotika bekämpft wird und dort nicht zum Ausbruch kommt. Dennoch befinden sich die Sporen in den Völkern und somit im Honig.
Völker, die Anzeichen von AFB zeigen, sind verloren, sie müssen vernichtet werden, um Ansteckung weiterer Völker zu verhindern. Zuständig für die Vernichtung ist das Veterinäramt. Es wird ein Sperrbezirk errichtet, in dem alle Völker untersucht werden müssen. In diesen Sperrbezirk dürfen keine Völker eingebracht oder entfernt werden.

Wachsmotten sind nur auf ausgelagerten Waben problematisch. Im Stock werden sie von den Bienen in Schach gehalten.

Europäische Faulbrut (EFB)

Bei der Europäischen Faulbrut (EFB) oder Sauerbrut werden die Larven ebenfalls über das Futter von einem Bakterium (Melissococcus plutonius) infiziert. Die Larven sterben ab und verfärben sich gelblich. Diese werden von den Putzbienen ausgeräumt. Beim Zersetzungsprozess wird ein fauliger, säuerlicher Geruch freigesetzt, daher der Name Sauerbrut. Behandlungsmaßname ist die Bildung eines Kunstschwarms mittels einer TBE mit Vernichtung sämtlicher Waben.

Kalkbrut

Kalkbrut, auch Ascosphaerose, wird durch eine Pilzerkrankung verursacht. Die Sporen des Pilzes sind weit verbreitet. Sie verfangen sich im Pelz der Bienen und gelangen so in das Volk. Die Larven werden beim Füttern infiziert, die Sporen keimen aus und die Pilzfäden durchwachsen die Larven. Diese sterben ab und eine gräulich schwarze Mumie bleibt zurück. Begünstig wird der Befall durch zu hohe Feuchtigkeit im Stock. Als Behandlungsmaßnahme ist die Entfernung und Vernichtung der befallenen Waben angeraten. Des Weiteren muss die Ursache für die erhöhte Feuchtigkeit beseitigt werden. Ein diffusions-

offener Deckel kann Abhilfe schaffen und ein Standortwechsel sollte ebenfalls in Betracht gezogen werden.

Grau-schwarz gefärbte, mumifizierte Larven deuten auf Kalkbrut hin.

Steinbrut

Aspergillusmycose ist ebenfalls eine Pilzerkrankung, hervorgerufen von einem Schimmelpilz, dem Aspergillus flavus. Ein Ausbruch der Steinbrut ist selten, starke Völker halten die Anzahl der Sporen niedrig. Begünstigt wird ein Ausbruch durch Feuchtigkeit und Unterkühlung (Brutraum anpassen). Erwachsene Bienen können auch an der Steinbrut erkranken, sie sterben jedoch außerhalb des Stocks. Der Pilz wird auch über das Futter übertragen und wächst in die Larve hinein. Die Larve stirbt und der Pilz wächst weiter in die Zellwand hinein. Die Larve wird hart und fällt nicht, wie bei der Kalkbrut, aus der Zelle. Das weiße Geflecht ist gut zu erkennen, es überzieht die Brutwaben. Infizierte Völker müssen vernichtet werden, das Wabenwerk wird verbrannt. Der Honig muss ebenfalls vernichtet werden, die durch den Pilz entstehenden Aflatoxine sind für Bienen und Menschen gefährlich. Mit Schutzkleidung, Handschuhen und Atemschutz arbeiten und im Anschluss die Kleidung gründlich waschen. Der Pilz infiziert auch Menschen! Es kann zu tödlich verlaufenden Krankheiten kommen.

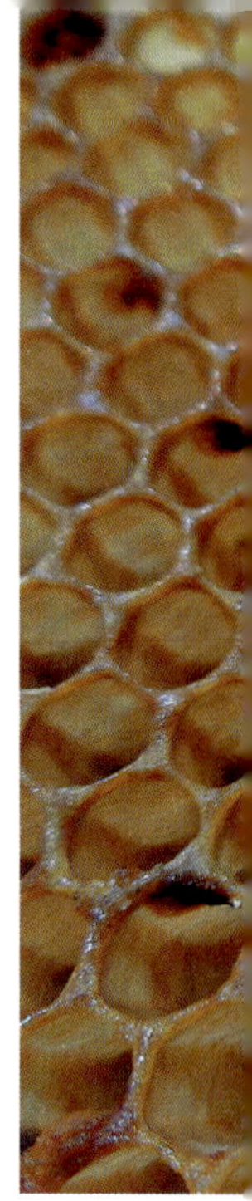

KRANKHEITEN DER ERWACHSENEN BIENEN

Bei starken Völkern tritt meist eine Selbstheilung in Kraft.

Durchfallerkrankungen

Häufige Erkrankungen der erwachsenen Bienen sind Durchfallerkrankungen, deren Ursachen meist in der Wintereinfütterung liegen. Waldhonige sind sehr ballaststoffreich und können bei längeren Kälteperioden zum Abkoten im Stock führen, Putzerbienen nehmen diese Kotspritzer auf und verteilen sie im Volk. Störungen im Winter, wie zu frühes Öffnen der Völker, kann Stress auslösen, der ebenfalls zum Abkoten im Stock führt. Völker nur öffnen, wenn Flugbetrieb herrscht, denn jetzt können die Bienen einen Reinigungsflug durchführen. Durchfallkrankheiten sind Nosemose, Amöbenruhr und Ruhr. Zur Behandlung stehen keine Medikamente zur Verfügung. Erfolgreich sind Hygienemaßnahmen wie verkotete Waben, Zargen und Böden austauschen und gründlich reinigen, anschließend die Räume anpassen und die Bienen eng halten.

Maikrankheit

Die sogenannte Maikrankheit, die zwischen März und Mai auftritt, ist eine Verstopfung, deren Ursache Wassermangel ist. Pollen kann nur unvollständig verdaut werden und zeigt sich am pastenartigen Kot ums Flugloch. Ein Futtergabe mit einem Liter Zuckerwasser im Verhältnis 1 : 1 ist eine wirksame Behandlung.

Schwarzsucht

Die Schwarzsucht ist ebenfalls eine Erkrankung der erwachsenen Bienen. Ein haarloser schwarzer Hinterleib kann mehrere Ursachen haben. Bei Räuberei sieht man häufig haarlose Bienen, die Ursachen sind die wilden Kämpfe, die sich die Widersacher liefern. Weitere Ursachen sind Virenerkrankungen wie der Chronische Bienenparalyse-Virus. Auch hier gibt es keine Medikamente zur Behandlung. Bei starken Völkern tritt meist eine Selbstheilung in Kraft. Bei Waldtrachten wird oft Schwarzsucht beobachtet, die Ursachen werden in der Zuckerzusammensetzung des Honigtaues vermutet. Bei Abklingen der Tracht verschwinden die schwarzen Bienen.

Viruserkrankungen

Die Bienen haben sich seit Jahrmillionen an die Viren angepasst und Immunschranken aufgebaut. Es hat sich ein Gleichgewicht zwischen dem Wirt (Biene) und den Viren eingestellt. Seit dem Auftreten der Varroa hat sich eines grundlegend geändert: Die Milbe injiziert mit ihrem Saug-Stechrüssel die Viren direkt in die Hämolymphe. Die gleichzeitige Schwächung des Immunsystems führt dann

1

2

zum Ausbruch der Virenkrankheiten. Medikamente gegen Virenkrankheiten sind nicht bekannt. Die beste Vorbeugung ist die Bekämpfung der Varroamilbe. Von den etwa 20 bekannten Bienenviren verursachen die wenigsten erkennbare Symptome. Die wichtigsten Viren im Zusammenhang mit Varroabefall sind der

Chronische Bienenparalyse Virus (CBPV)

Infizierte Bienen sterben innerhalb von fünf bis acht Tagen, typische Symptome des Paralyse Virus sind
– flugunfähige, zitternde Krabbler vor dem Flugloch und auf den Waben
– aufgeblähter Hinterleib
– Schwarzsucht

1. Durchfallerkrankungen erkennt man anhand der zahlreichen Kotspritzer auf den Waben.

2. Schwarzsucht: Bei Virusbefall finden sich schwarze, haarlose Bienen im Volk.

1

2

1. Diese Biene ist vom Flügeldeformationsvirus befallen.

2. Eine vom Sackbrutvirus infizierte Larve.

Sackbrutvirus (SBV)

Sackbrutvirus ist selten und wird von den Bienen mit dem Futtersaft übertragen. Die erwachsenen Bienen zeigen keine Symptome, die infizierten Larven sterben im Stadium der Streckbrut. Es zeigt sich ein löchriges Brutbild. Die abgestorbenen Larven trocknen ein, verfärben sich schwarz und liegen wie ein Säckchen in der Zelle. Sackbrut tritt meist im Frühjahr auf und gilt als Sekundärerkrankung bereits durch andere Krankheiten geschwächter Völker. Meistens kommt es bei einsetzender Tracht zur spontanen Selbstheilung.

Flügeldeformationsvirus englisch: Deformed Wing Virus (DWV)

Das Virus kann bereits in den unbefruchteten Eiern der Königin nachgewiesen werden, ruft aber nur Symptome hervor, wenn die Viren von der Varroamilbe injiziert wurden. Die Bienen schlüpfen mit verkrüppelten Flügeln, sind flugunfähig und werden von den Stockbienen nicht im Volk geduldet.

Abschließend möchte ich nochmals betonen, wie wichtig es ist, nur starke Völker zu halten. Man bildet besser ein kräftiges Volk aus zwei Schwächlingen. Das sichert das Überleben dieses Volks, verhindert Räuberei und bringt keine anderen Völker in Gefahr.
In diesem Sinne wünsche ich allen kräftige Völker und volle Honigtöpfe!

(HALBAUTOMATISCHER) HONIGVERKAUFSSTAND

Honig aus der eigenen Imkerei ist ein Verkaufsschlager in der Nachbarschaft.

Zum Weiterlesen

Bienefeld, Kaspar: **Imkern Schritt für Schritt.** Kosmos 2016

Bruder Adam: **Meine Betriebsweise** – Imkern wie im Kloster Buckfast. Kosmos 2019

Bude, Sarah und Rebecca Schmitz: **Das Imkerbuch für Kids.** Kosmos 2021

Hemmer, Cornelis und Corinna Hölzer: **Wir tun was für Bienen.** Kosmos 2017

Miltenberger, Tobias: **Ökologische Bienenhaltung - das Praxisbuch.** Kosmos 2021

Pohl, Friedrich: **1 x 1 des Imkerns.** Das Praxisbuch. Kosmos 2017

Pohl, Friedrich: **Handbuch Bienenkrankheiten.** Kosmos 2019

Pritsch, Günter: **Bienenweide** – 220 Trachtpflanzen erkennen und bewerten. Kosmos 2018

Nützliche Adressen

IMKERBUND

Deutscher Imkerbund e. V.
„Haus des Imkers"
Villiper Hauptstraße 3
D–53343 Wachtberg
www.deutscherimkerbund.de

Österreichischer Imkerbund
Georg-Coch-Platz 3/11a,
A–1010 Wien
www.imkerbund.at

Verein Deutschschweizerischer und Rätoromanischer Bienenfreunde
Jakob Signer-Straße 4
CH–9050 Appenzell
www.bienen.ch

LINKS

www.die-honigmacher.de
www.lwg.bayern.de/bienen
www.varroawetter.de

Der Autor

Michael Ullmann beschäftigt sich seit 2003 intensiv mit Bienen und der Imkerei. Er ist im Imkerverein Friedberg/Bayern e.V. als Ausbildungsleiter tätig. Motiviert von seinen Imkerschülern betreibt er seit 2018 erfolgreich seinen YouTube-Kanal „Imkerei Michael Ullmann“ und zeigt in seinen Videos imkerliches Handwerk, die in leicht verständliche Themenabschnitte aufbereitet sind. Zudem hat er mit seinen Vereinskollegen eine Betriebsweise etabliert, um auf dem Zander-Rähmchenmaß im einräumigen und angepassten Brutraum zu imkern. Derzeit betreut er 26 eigene Wirtschaftsvölker auf vier Bienenständen und den Lehrbienenstand des Imkervereins. Michael Ullmann lebt mit seiner Familie in Friedberg bei Augsburg.

DANK

Mein besonderer Dank gilt Karl-Heinz Waldmüller, dem ersten Vorstand des Imkervereins Friedberg/Bayern e.V., der unermüdlich die Werbetrommel für meinen YouTube-Kanal und dieses Buch rührt und meiner Frau Simone, die mir stets den Rücken freihält, wenn ich „mal kurz“ zu den Bienen muss.

Register

BILDNACHWEIS

Mit 92 Farbfotos von Günter Peschke.

Weitere Farbfotos von Vanessa Blaser (15: S. 3. u. r., 45, 66, 68 alle 4, 69 alle 3, 72 l., 79 l., 89, 93, 96), istock/Shaiith 1: S. 116, Friedrich Pohl (6: S. 109, 111, 113 beide, 113 u., 114 beide), Shutterstock (A.G.A 1: S. 70, Dancestrokes 1: S. 10 o., DSman 1: S. 27 l. M., Ellen Miller 1: S. 8, foto-select 1: S. 10 u., Matchou 1: S. 107, Minko Peev 1: S. 2, Natia Dat 1: S. 64, Ollinka 1: S. 28, Ondrej Prosicky 1: S. 27 l. u., Onelia Pena 1: S. 57 u., penofoto 1: S. 115, Perutskyi Petro 1: S. 104, Sergey 23 1: S. 7, Slatan 1: S. 46, savitskaya iryna 1: S. 57 o. l.), Michael Ullmann (46: S. 20 r., 21, 27 o. r., u. M., u. r., 30, 50 r., 51, 58 beide, 59 beide, 62 alle 3, 63, 65, alle 3, 72 r., 73 beide, 75, 77 u., 78, 79 r., 81 alle 4, 83 beide, 86, 97 alle 3, 98, 99 beide, 101 alle 4, 102 beide, 103).

Mit 8 Zeichnungen von Kay Elzner/Kosmos.

IMPRESSUM

Umschlaggestaltung von Claudia Adam Graphik-Design unter Verwendung von vier Farbfotos von Günter Peschke (U1, Klappe vorne innen links und oben rechts, Klappe hinten innen Mitte), Vanessa Blaser (2: Klappe hinten innen oben links und unten rechts), istock/Shaiith (1: Klappe hinten innen unten links), Shutterstock/Darios (1: Klappe vorne außen), Shutterstock/Natia Dat (1: Klappe hinten außen) sowie Michael Ullmann (3: U4, Klappe vorne innen unten, Klappe hinten innen oben rechts)

Mit 178 Farbfotos und 8 Zeichnungen.

Gedruckt auf chlorfrei gebleichtem Papier

ISBN 978-3-440-17304-6
Redaktion: Alice Rieger
Gestaltungskonzept: GRAMISCI Editorialdesign/Cornelia Sekulin, München
Gestaltung und Satz: Katrin Kleinschrot, Stuttgart
Produktion: Nina Renz
Druck und Bindung: Westermann Druck Zwickau GmbH, Zwickau
Printed in Germany / Imprimé en Allemagne

FSC www.fsc.org MIX Papier aus verantwortungsvollen Quellen FSC® C110508